设施园艺作物生产技术

主　编　吕克鹏　吴　红

副主编　沈　明　程小青　高　伟

参　编　陆晓燕　李　瑞　姚　婧

　　　　陈远谋

审　稿　李成忠

北京理工大学出版社
BEIJING INSTITUTE OF TECHNOLOGY PRESS

图书在版编目（CIP）数据

设施园艺作物生产技术 / 吕克鹏，吴红主编 . -- 北
京：北京理工大学出版社，2024.1（2024.11 重印）

ISBN 978-7-5763-3662-7

Ⅰ . ①设… Ⅱ . ①吕… ②吴… Ⅲ . ①园艺－设施农
业－栽培技术 Ⅳ . ① S62

中国国家版本馆 CIP 数据核字（2024）第 046938 号

责任编辑： 王梦春	**文案编辑：** 辛丽莉
责任校对： 周瑞红	**责任印制：** 施胜娟

出版发行 / 北京理工大学出版社有限责任公司

社　　址 / 北京市丰台区四合庄路 6 号

邮　　编 / 100070

电　　话 / （010）68914026（教材售后服务热线）
　　　　　　（010）63726648（课件资源服务热线）

网　　址 / http：//www.bitpress.com.cn

版 印 次 / 2024 年 11 月第 1 版第 2 次印刷

印　　刷 / 定州市新华印刷有限公司

开　　本 / 889 mm×1194 mm　1/16

印　　张 / 12.5

字　　数 / 280 千字

定　　价 / 49.80 元

图书出现印装质量问题，请拨打售后服务热线，负责调换

党的二十大报告指出，全面推进乡村振兴，强化农业科技和装备支撑，需要大力发展现代设施农业，推进高效绿色农业发展。设施农业生产技术主要培养设施作物栽培、设施作物病虫害防治、设施农业设备使用与保养等方面的技术技能人才。

"设施园艺作物生产技术"是设施农业生产技术专业的一门专业核心课程，主要培养学生规范使用温室、大棚等设施的能力；培养学生进行设施园艺作物管理的能力，主要是设施蔬菜、果树和花卉的播种、育苗、定植和土肥水一体化管理，进行植株调整及环境调控的能力；培养学生识别设施作物常见病虫害并进行综合防治的能力等；培养学生的工匠精神和信息素养。为实现课程培养目标，本书紧贴中职学生的学习特点，结合生产岗位要求，以项目教学为引领，以工作和生产任务为主线，以实践为导向，围绕设施园艺作物生产技术设置了5个教学项目、15个典型任务。项目一为园艺设施建造与环境调控技术，项目二为设施育苗技术，项目三为设施蔬菜生产技术，项目四为设施果树生产技术，项目五为设施花卉生产技术，五个项目形成较为完整的知识体系，满足学生学习本课程必需的相关专业知识。

本书体例新颖，充分体现了职业教育课堂教学改革的新理念和新要求。每个项目都细化为几个典型工作任务，每个典型工作任务又分为几个活动，每个活动又包括活动目标、活动准备、相关知识、操作规程、质量要求和问题处理等内容，教学内容与生产岗位有机融合，体现生产岗位的新技术、新要求，突出理论与实践的结合，力求对学生动手能力以及创新性思维和工匠精神的培养，让学生在学中做、做中学、做中思，体现教学做一体化的理念。本书还配有视频教学资源，便于学生在真实的情境中学习专业知识，掌握实际操作技能。每一个项目还有"拓展园地"栏目，便于开展课程思政教育，培养学生的农业情怀。

本书编审人员多元化，由中职、高职的骨干教师及农业科研及企业的技术人员组成编审队伍，参加本书的编写及审稿工作，体现教学、生产和科研的三位一体，体现产教融合、科教融汇的特色。本书编写人员熟悉中职、高职相关专业及课程的教学，因此本书内容既体现了中职的基础性，又与高职衔接和贯通，体现了中职、高职一体化的特点。本书由南京六合中等专业学校智农学院吕克鹏担任第一主编、江苏农牧科技职业学院吴红担任第二主编。具体编写分工：项目一由江苏农牧科技职业学院陆晓燕、江苏中馨远新型农业科技有限公司程小青编写；项目二、四由吴红编写；项目三由南京六合中等专业学校李瑞编写；项目五由南京江宁高等职业技术学校姚婧、江苏省溧水中等专业学校高伟编写。吕克鹏负责本书的结构设计、筛选组织教材编写人员，并对全书进行了统稿、修改和定稿，以及配套视频资源内容选定和视频定稿等工作。江苏农牧科技职业学院李成忠参与了本书的审稿工作。南京六合中等专业学校沈明、南京六合中等专业学校陈远谋参与了本书编写的其他相关工作。书中引用了同行的许多资料和照片，在此一并表示感谢！

　　由于编者水平有限，疏漏之处在所难免，恳请读者批评指正。

编　者

目录 CONTENTS

项目一 园艺设施建造与环境调控技术 ·· **1**

任务一 园艺设施覆盖材料的种类和应用 ································ 2

任务二 塑料大棚建造技术 ·· 13

任务三 温室建造技术 ·· 17

任务四 设施环境调控技术 ·· 26

项目二 设施育苗技术 ··· **41**

任务一 设施蔬菜育苗技术 ·· 42

任务二 花卉育苗技术 ·· 52

任务三 果树育苗技术 ·· 60

项目三 设施蔬菜生产技术 ··· **71**

任务一 设施蔬菜生产模式与茬口安排 ································ 72

任务二 设施瓜类蔬菜生产技术 ······································ 76

任务三 设施茄果类蔬菜生产技术 ···································· 89

项目四 设施果树生产技术 ··· **103**

任务一 设施桃生产技术 ·· 104

任务二 设施葡萄生产技术 ·· 125

任务三 设施草莓生产技术 ·· 147

项目五　设施花卉生产技术 ·· **167**

　　任务一　设施盆栽观花类（牡丹）生产技术 ······················ 168

　　任务二　设施切花类（月季）生产技术 ···························· 180

参考文献 ··· **193**

项目一

园艺设施建造与环境调控技术

[1]

项目背景

我国地域宽广，各地的气候条件差异显著，因此各地生产条件和生产方式有较大的差别，都存在明显的生产季节性与消费需求均衡性的矛盾。在长期的生产发展过程中，人们不断地探索、利用人工建造的保护设施，例如塑料大棚、日光温室等，为作物生长创造一个较为适宜的生长环境，在冬季提高温度、防止霜冻，在夏季遮挡强光、降低温度，保证作物正常生长，进而提高作物的产量、改善作物的品质。这种在园艺作物不适宜生长发育的寒冷或炎热季节，人为地进行保温、防寒或降温、防雨等，制造适宜园艺作物生长发育的小环境的设施和设备，就是本项目将重点介绍的园艺设施建造与环境调控技术。

项目目标

了解园艺设施覆盖材料的种类和主要性能，掌握设施覆盖材料的科学使用与管理；了解塑料大棚和温室的结构，掌握塑料大棚和温室的施工要点；了解园艺设施内的环境，掌握其主要调控措施，能根据园艺作物生长发育对环境条件的要求，对各种设施内的环境条件进行调控。

任务一　园艺设施覆盖材料的种类和应用

【任务描述】

覆盖材料对作物的生长起着至关重要的作用。设施栽培的园艺植物种类不同，对覆盖材料的性能要求也不同。本任务要求了解主要园艺设施覆盖材料的种类和性能，并能够正确使用和管理。

【任务目标】

　　知识目标　了解园艺设施覆盖材料的种类和主要性能。

　　技能目标　掌握园艺设施覆盖材料的科学使用与管理。

　　素养目标　设施覆盖材料的发展方向是绿色生态，主动培养生态意识和环保意识。

【背景知识】

　　园艺设施覆盖材料种类繁多，一般来说，可以按照原料的材质、用途、覆盖方式和功能特性等进行分类。

　　按原料材质可以将园艺设施覆盖材料分为玻璃型、薄膜型、硬质塑料型、软质塑料型、防虫网型等；按原料的种类可以分为聚氯乙烯（PVC）膜、聚乙烯（PE）膜、乙烯－醋酸乙烯（EVA）膜、聚烯烃（PO）膜、氟素膜、聚碳酸酯（PC）膜、甲基丙烯酸甲酯（MMA）膜等；按覆盖方式可以分为固定式覆盖和移动式覆盖等；按农膜的特性可以分为透明膜、黑色膜、保温膜、抗老化膜以及降解型膜等；按覆盖材料的功能可以分为保温采光型材料、内覆盖材料和外覆盖材料等。保温采光型材料用于园艺设施内部采光，是一些透明覆盖材料，如玻璃、塑料板材和塑料薄膜。内覆盖材料用于调节设施内部的光照以及温度环境，主要为一类不透明或者半透明的覆盖材料，如遮阳网、反光膜、薄型无纺布等。外覆盖材料主要是起保温作用的材料，一般为不透明的材料，如草帘、纸被、保温毯以及保温被等。在园艺设施的具体生产实践过程中，要根据不同的季节气候条件、栽培作物的生长需求来选择合适的覆盖材料。

活动一　透明覆盖材料的种类和应用

1. 活动目标

　　了解园艺设施透明覆盖材料的种类和主要性能；掌握透明设施覆盖材料的科学使用与管理。

2. 活动准备

　　大棚或温室棚膜、压膜线、细铁丝、钳子、铁锹、大缝针等。

3. 相关知识

透明覆盖材料主要包括塑料薄膜、聚碳酸酯板和玻璃。

1）塑料薄膜

塑料薄膜是我国目前园艺设施生产中使用最广泛的覆盖材料。主要用于塑料温室、塑料大棚、中小棚的内外覆盖。按其生产的母料不同，可分为 PE 膜、PVC 膜、EVA 膜和 PO 膜。

（1）PE 膜。PE 膜具有防潮性、透湿性小的特点，是近些年推广应用的品种，该膜膜透光率优良，防尘性能好，使用 7 ~ 8 个月后透光率为初期的 50% ~ 60%，可用于二茬覆盖栽培，也可作为二膜使用。虽然 PE 膜流滴防雾性能差，但密度小，一般为 9 m 宽、0.12 mm 厚、1 m 长，质量约为 1 kg；用量少（覆盖同样面积的土地），成本相对较低，适用于大中棚蔬菜栽培及日光温室茄果类蔬菜栽培。由于它的性能优越，用量正在大幅增长。

（2）PVC 膜。PVC 膜由聚氯乙烯树脂与其他改性剂经过压延工艺或吹塑工艺制成，该膜综合性能较好，是我国农业生产上推广应用时间最长、数量最多的一种薄膜。其厚度为0.1 mm 左右，宽度为 2 ~ 6 m。PVC 膜透过长波光的能力弱，保温性能好，初期透光性、流滴性优良，但透过紫外线的能力弱，适合于除紫色茄子外的所有果类、瓜类蔬菜的栽培。后期吸尘严重，透光率下降快，覆盖 7 ~ 8 个月后透光率仅为初期的 30% ~ 40%。覆盖二茬时，由于透光率低，容易造成蔬菜徒长，影响蔬菜的产量和效益。PVC 膜密度大，一般为 9 m 宽、0.12 mm 厚、1 m 长，质量约为 1.4 kg；用量大（覆盖同样面积的土地），成本相对较高。

（3）EVA 膜。EVA 膜以乙烯 – 醋酸乙烯共聚物树脂为主体的三层复合功能性薄膜。密度为 0.94 g/cm^2，厚度为 0.1 ~ 0.12 mm。由于醋酸乙烯（VA）的引入，薄膜的透光性、折射率和"温室效应"增强。透光性好，可阻隔远红外线；保温性强；耐候性好，冬季不变硬，夏季不粘连；耐冲击；易黏接，易修补；对农药抗性强；具有弱极性，与防雾滴剂有良好的相容性；流滴持效性长，可达 8 个月。

（4）PO 膜。PO 膜是以 PE、EVA 优良树脂为基础原料，加入保温强化剂、防雾剂、光稳定剂、抗老化剂、爽滑剂等一系列高质量适宜助剂，通过 2 ~ 3 层共挤工艺生产的多层复合功能膜，具有透光率高且衰减慢、强度大、抗老化性能好、密度小、燃烧时不散发有害气体等特点，使用寿命较长（3 ~ 5 年）。

2）聚碳酸酯板

聚碳酸酯板又称阳光板，以高性能的工程塑料——聚碳酸酯树脂加工而成，分为中空板（见图 1-1）和波纹板（见图 1-2）两大系列。它的优点是耐冲击强度高，不易破碎，使用寿命可达 5 年以上；保温效果较好，温度适应范围在 –40 ~ 110 ℃，能承受冰雹、强风、雪灾；耐热耐寒性好；可透过 380 ~ 1 700 nm 的光线。它的缺点是板子中空，内部容易积留水汽与飞尘，且无法清除；随使用时间的增长而影响透光率；成本高（价格是塑料薄膜的 5 ~ 8 倍）；搭建温室所需的骨架成本高于塑料薄膜。因此在生产型的温室使用较少。

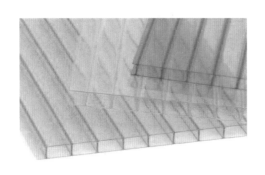 

图 1–1　中空板　　　　　　　　　图 1–2　波纹板

3）玻璃

玻璃是一种良好的覆盖材料，可吸收几乎所有的远红外线，夜间的长波辐射所引起的热损失很少。玻璃具有使用寿命长（可达 20 年以上）、耐候性好、防尘和防腐蚀性好等优点。其缺点是密度大，对骨架承重要求严格，建筑成本较高；抗冲击性能差、易碎，在冰雹多发地和人员流动密集的商业性温室要慎重使用。玻璃分为平板玻璃、钢化玻璃和有机玻璃 3 种，园艺设施上使用的大多为 3 ~ 4 mm 厚的平板玻璃和 5 mm 厚的钢化玻璃。

4. 操作规程和质量要求 ≫

按照要求完成塑料大棚的扣膜。

1）扣膜前的准备

扣膜前要对塑料大棚进行清理与检修。首先，将塑料大棚内部的枯枝落叶、杂物以及石块等彻底清理，对棚架做细致的检查。然后，对于已经破坏的位置及时进行检修；对固定但不是很牢固的地方进一步加固；钢架结构如果有锐角，一定要用布条等进行包缠；同时也要检查地锚的牢固性。在严寒地区，这些工作在秋季完成。最后，可以根据设施的大小，将棚膜粘好，同时要准备好压膜线。

2）扣膜

扣膜最好选择在无风或微风的暖和天气下进行，塑料大棚的扣膜与其所采取的通风换气方式紧密相关，一般来说，主要有两种扣膜方式。

整幅棚膜覆盖法。把准备好的固定宽度的棚膜从棚顶一直顺延覆盖到地梁上，随后将压膜线固定在地梁角钢的压线环之上用于固定棚膜，这种扣膜方法只能通过揭开底脚薄膜进行直接放风。整幅棚膜覆盖法的优点是防止风害的性能较好，但是如果早春季节气温相对较低，采用底脚放风容易使作物受到扫地风的影响，造成冻害。针对这一状况，可以在底脚内侧加护高度为 1.5 m，长度与温室南北长度一致的棚裙。这样，底脚在需要放风时，外部的空气不会直接进入棚内，而是由棚裙的上边缘绕行而进，避免外界冷空气对设施内作物的直接冲撞，起到了缓冲的作用，避免作物受到扫地风的侵害。

三块棚膜覆盖法。第一步，先用宽度为 1.2 m 的两块薄膜将底脚围裙覆盖起来，随后将其两个上边通过烙合形成筒状结构，并在其中装入塑料绳并固定在塑料大棚两个侧面底脚位置的各个拱杆上，再将塑料薄膜下边埋入土中。第二步，选择一块宽度为棚顶到两侧围裙，并超过围裙距离 30 cm，长度为塑料大棚长度与高度之和的两倍外加 60 cm（埋入温室外侧的土中，用于加固）的塑料薄膜。第三步，薄膜经严格计算裁好后，选择无风或者微风的晴朗天气，先将塑料薄膜放置在棚顶，随后分别向两侧放下，直到超过围裙。之后将薄膜沿着东西两侧调整直到完全拉平，再把压膜线紧紧地固定在压线环上。第四步，塑料大棚两端的塑料薄膜也需要经过调整彻底拉平后才可以埋入土里并且牢牢踩实。采用三块棚膜覆盖法覆盖的设施，其放风时可以直接将中间的连接缝隙扒开。这种覆盖方法的优点是可避免扫地风对设施内作物的危害，而且在作物生长后期，随着外界气温的不断升高，该连接缝隙可以有效地进行通风降温；但是与整幅棚膜覆盖法相比，其抗风性较差，会影响棚内空气的对流作用。

3）棚膜的日常管理

棚膜的日常管理主要包括以下内容。

清洗。棚膜的主要作用是保证设施的采光，因此，表面的清洁就成为日常管理的重要内容。

棚膜的日常管理

排水。定期检查大棚两侧及东西两端的排水沟是否有堵塞，如果发现，应立即疏导，防止积水。

加固修补。定期检查大棚的各级机构、压膜线、门等，发现松动及时加固；定期检查大棚的棚膜是否有破损，如果发现应立即修补，否则破损处会越来越大，导致棚膜保温性下降甚至不能使用。

日常维护。日常维护好压膜线，进出大棚时及时关门，防止因为产生缝隙而影响大棚的保温效果。

5. 问题处理

在设施园艺覆膜时，应该注意哪些事项？

活动二　半透明覆盖材料的种类和应用

1. 活动目标

了解园艺设施中半透明覆盖材料的种类和主要性能；掌握半透明覆盖材料的科学使用与管理。

2. 活动准备

遮阳网、无纺布、细铁丝、钳子、铁锹、大缝针等。

3. 相关知识

半透明覆盖材料的主要作用是调节设施内外温度，改变光照条件，也可以预防虫害，在园艺设施内的应用相对比较灵活、广泛。半透明覆盖材料主要有遮阳网、防虫网、无纺布等。

1）遮阳网

遮阳网也称寒冷纱，是用聚烯烃加入耐老化助剂拉伸后编织而成的，其特点是强度好、质量轻、耐老化、柔软、易铺卷、使用方便等，可代替传统芦苇帘。遮阳网按颜色可以分为黑色、白色、银灰色、绿色、蓝色、黄色和黑灰色两色相间7种；按生产的幅宽可以分为90 cm、140 cm、150 cm、l60 cm和200 cm 5种；按经纬每25 mm编丝根数可以分为8根网、10根网、12根网、14根网、16根网5种，型号分别为SZW-8、SZW-10、SZW-12、SZW-14、SZW-16。编丝根数越多，遮光率越大，纬向拉伸度也越强，但经向拉伸度差别不大。编丝的质量、厚薄、颜色等也会影响透光率。一般黑色网的遮光效果优于银灰色网，适宜酷暑季节和对光照度要求较低、病毒病较轻的蔬菜覆盖；银灰色网的透光性好，有避蚜虫和预防病毒危害的作用，适用于初夏、早秋季节和对光照度要求较高的蔬菜覆盖。生产上应用最多的有SZW-12、SZW-14两种型号，其质量为（45±3）g/m^3 和

（49±3）g/m³，以幅宽160～250 cm为宜，使用寿命一般为3～5年。两种不同类型的遮阳网如图1-3所示。

图1-3　两种不同类型的遮阳网

2）防虫网

防虫网是一种新型农用覆盖材料，以优质聚乙烯为原料，加入紫外线稳定剂及防老化剂，经拉丝织造而成的一种白色网状物，形似窗纱（见图1-4）。其具有无毒无味、耐腐蚀、耐水、抗热、抗拉、收藏轻便等特点。防虫网颜色主要有白色、黑色、银灰色，常用颜色为白色。目前，国内规格主要有20目、30目、40目、50目和60目。目数表示丝网的疏密程度，目数越多，丝网越密，网孔越小，防虫效果越好，但透光率、通风率相对就差。一般根据不同作物的栽培要求及不同防治害虫对象选用合适的目数。生产上常用防虫网为20～30目，网眼孔径一般在0.85～1.06 mm，即使是体型很小的蚜虫成虫（体长为2.3～2.6 mm）、稻飞虱成虫（体长3.5～4.8 mm）也无法穿过。同型号网中白色防虫网透射率最大，特别是紫外线透射率远远大于黑色网，适用于大多数喜光的蔬菜栽培。黑色防虫网遮光率最大，南方特别是海南等热带地区宜使用黑色或深颜色防虫网。银灰色防虫网的避蚜虫效果很好。

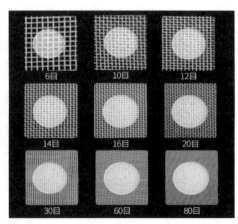

图1-4　防虫网

3）无纺布

无纺布又称不织布或农用无纺布，是以聚酯为原料，经熔融纺丝、堆积布网、热压黏合，最后干燥定型成棉布状的材料。因为采用无织布工序，故称无纺布。无纺布按纤维的长度可以分为长纤维无纺布和短纤维无纺布两种。长纤维无纺布多以丙纶、涤纶为原料，较轻薄、保温性好且价格便宜，直接浮面覆盖使用较多；短纤维无纺布多以维尼纶为原料，适于替代草帘作为外覆盖物或温室/大棚的二重幕使用。无纺布结实耐用，不易破损，使用期一般为3～4年，使用保管得当，可达5年，具有保温节能、防霜防冻、降湿防病、遮阳调光、防虫和避免杂草等作用，以及耐水、耐光、透气、质量轻、操作方便、耐药品腐蚀和不易变形等特点。其燃烧时无毒气释放，不易黏合，易保管。

4. 操作规程和质量要求

（1）遮阳网的使用与管理。

使用方法。遮阳网在不同的园艺设施类型中其覆盖方法并不完全相同。在塑料小拱棚、大棚中以及在夏秋季节露地育苗时，可以用遮阳网直接覆盖畦的表面，在秋延迟春提早作物栽培中也可以直接覆盖用于提高地温。在中小拱棚中，遮阳网可设置在支架上进行覆盖，或者与膜进行结合覆盖。在塑料大棚中，根据生产需要，遮阳网可以覆盖在塑料大棚内外两侧，棚内覆盖时，距离地面的高度为1～1.5 m。在温室中，遮阳网可以覆盖在玻璃屋面上方，或者平挂在室内。

遮阳网的使用与管理

管理方法。夏秋季节使用遮阳网主要是为了降低温度和遮挡光线，所以除了根据生产要求选择适宜的遮阳网外，还需要根据栽培作物具体的种类对温度、光照的要求来加强揭网和盖网的时间管理。一般原则为晴天盖、早上盖、生长前期盖；阴天揭、晚上揭、生长后期揭。但是在果实收获5～7 d前，为了加快着色，提高品质，需要揭开遮阳网。遮阳网需要切割时，必须使用电热丝，可将边缘黏合，避免松散，影响使用。不需要使用遮阳网时，可以清洗干净，在阴凉处晾晒干燥，妥善保存。

（2）防虫网的使用与管理。

使用方法。防虫网不仅可以防虫防病、降低农产品的农药用量、调节温湿度、遮光、缓冲暴雨或强风对作物造成的危害，而且可以保护天敌。防虫网的颜色选择对其防治虫害具有很重要的作用。单一覆盖时，宜选用黑色或者银灰色；如果配合遮阳网，则应选择白色，如银灰色对蚜虫有很好的防治作用。

防虫网的使用与管理

管理方法。防虫网在使用前，必须对室内进行彻底清理，防止由于虫卵落入而产生孵化危害，将各种害虫的基数降到最低。覆土前应该对土壤进行深翻、消毒和撒施毒土等以切断各种土壤病原菌的传播路径。一般在土壤中要求撒施腐熟的有机肥，而且要一次施足基肥。在作物生长期内，不再追肥，避免将虫卵或者病原菌带入设施内部。覆盖防虫网后一定要确保棚体稳固，如遇到强风作用，应避免棚体倒塌。作物栽培结束后，应该及时清洗晾晒收好，确保再次使用。

（3）无纺布的使用与管理。

使用方法。无纺布有很多种类，其薄厚、透水性、遮光性、通气性有很大区别，所以在覆盖形式和使用目的上也存在很多差异。无纺布按纤维的长度可以分为长纤维无纺布和短纤维无纺布两种。在设施生产中，主要使用长纤维无纺布；按其产品密度又可以分为薄型无纺布和厚型无纺布。通常密度为 20 ~ 30 g/m^2 的薄型无纺布具有透水性强、通气性大、质量较轻等特点，多用于露地和温室／大棚内的浮面覆盖。在园艺设施生产中，如果需要夜间保温，也可以当作保温幕，经无纺布覆盖后，棚内室温可以提高 3℃左右。密度为 40 ~ 50 g/m^2 的厚型无纺布，透水性弱、遮光强，质量也相对较重，所以可以作为外覆盖材料加盖在小拱棚上，或者悬挂在温室内部起保温作用。

管理方法。无纺布作为覆盖材料时，最好同时结合其他配套措施一起使用。例如，夏秋育苗时，为了避免高温强光对苗的危害，可以配合使用遮阳网；为了避免强对流天气如暴雨、冰雹的破坏，可以在无纺布外侧加盖塑料薄膜。苗期使用无纺布时可以适当降低喷灌次数，避免徒长。无纺布不使用时，应妥善保管，避免受到硬物的撕扯，且应及时清洗，在阴凉处晾干，折叠捆绑，存放于光线较弱且干燥的屋内支架上。

5. 问题处理 ⟫

举例说明无纺布、遮阳网和防虫网等半透明覆盖材料在园艺设施内的应用情况。

活动三　不透明覆盖材料的种类和应用

1. 活动目标 ⟫

了解园艺设施中不透明覆盖材料的种类和主要性能；掌握不透明覆盖材料的科学使用与管理。

2. 活动准备

草帘或草苫、保温被、钳子、铁锹、大缝针等。

3. 相关知识

不透明覆盖材料主要用于中国传统的单屋面温室和塑料大棚的外覆盖保温，传统的不透明覆盖保温材料主要包括草帘、草苫、保温被等；也有用于温室和塑料大棚内的材料，如薄型无纺布、塑料薄膜等。

1）草帘和草苫

中小拱棚及各种类型的温室用草帘或草苫作为外覆盖材料来保温。南方多用草帘，保温效果为 1 ~ 2℃；而北方多用草苫，保温效果为 4 ~ 6℃。

草苫是用稻草、蒲草、谷草加芦苇以及其他草类编制而成的，是一种传统意义上的多孔保温材料（见图 1-5）。其散热是通过固体介质的传导、对流以及辐射来实现的。由于空气的低导热系数，草苫的导热系数很小，保温效果好，可使温室夜间耗热减少 60%，保温能力一般为 5 ~ 6℃，一般可使用 3 年。草苫取材方便，制造简单，是当前覆盖保温的首选材料。

图 1-5 草苫

2）保温被

保温被是 20 世纪 90 年代研究开发出来的新一代不透明外覆盖保温材料。目前，市场上常见的保温被是由很多层具备不同功能的化学纤维材料组合而成的，厚度为 6 ~ 10 mm。较为典型的保温被由 4 部分组成，分别为防水层、隔热层、保温层以及反射层。防水层处于保温被的最外面一层，一般由防雨绸、塑料膜、喷胶薄型无纺布以及镀铝反光膜等制成，它具有抗老化、抗腐蚀、韧性强、使用寿命长等优点。隔热层、保温层和反射层又称为内芯。隔热层主要功能是减少热量向外传播，进一步加强保温效果；保温层具有一定的厚度和密度，是保温被的主要部分；反射层的主要功能为反射远红外线、降低反射散热。

4. 操作规程和质量要求

按照要求进行草帘或草苫和保温被的使用和管理。

（1）草帘或草苫的使用与管理。

使用方法。覆盖草苫时，既要考虑其对塑料大棚的保温效果，也要考虑其应适宜日常管理。卷铺草苫时，不能造成草破损、掉草甚至散架。最好要适合机械卷铺，因为人工操作需要花费的时间太长，容易造成塑料大棚内部区域间温差过大，影响作物的正常生长。目前使用较为广泛的覆盖方法是混合法，即在塑料大棚东西两侧各埋 50 ~ 60 cm 深的地锚，在地锚上固定一根钢丝，用紧线机收紧后，另一端固定在另一侧的地锚上；根据塑料大棚所需覆盖面积以及单块草苫的面积计算出草苫用量，然后将草苫按照每组 10 个左右分成若干组；叠放时，组与组之间采用平压法，组内草苫采用斜压法，摆好后，用铁丝将草苫的上边固定在钢丝上，再逐一顺着温室棚面铺开。人工卷铺草苫，应该提前放拉绳在其下部；若用卷帘机，需将草苫下端固定在卷帘机的卷杆上，经开动试验，不发生偏移即可。

管理方法。草苫的揭盖时间必须与当地的气温以及所栽培作物的生长习性相一致，具体可以参照太阳是否照满塑料大棚屋面以及大棚室内温度来判定。一般上午太阳光线照满棚面即可开始卷起，下午温室内温度降低到 17 ~ 18℃，即可开始覆盖。如果连续阴雨雪后放晴，揭草苫和放风口的面积应该逐步加大，3 d 后才能全部揭开。雨雪天气时，应该用塑料薄膜加盖草苫，以防受潮影响保温效果。卷草苫时，力度要轻，防止损坏。草苫不需要使用时，应该晾晒干燥，妥善保存。

（2）保温被的使用与管理。

使用方法。保温被的覆盖方法与草苫基本相似，但两条保温被之间的叠放不能小于 10 cm，如果卷放过程中发生偏移必须马上调整。

管理方法。被雨雪浸湿会影响保温效果。保温被浸湿后一定要及时晒干再卷起存放，运输途中要小心轻放，避免破损。

保温被的使用与管理

5. 问题处理

在覆盖外保温覆盖材料时，应该注意哪些事项？

任务二　塑料大棚建造技术

【任务描述】

　　塑料大棚是一种建造方便、成本低、推广面积最大的设施栽培类型。本任务要求了解塑料大棚的性能和结构，能根据不同的栽培对象，结合当地自然条件建造及应用塑料大棚。

【任务目标】

　　知识目标　了解塑料大棚的结构。

　　技能目标　掌握塑料大棚的施工要点。

　　素养目标　塑料大棚的环境常是高温高湿，要主动培养勤劳勇敢、吃苦耐劳的精神。

【背景知识】

　　塑料大棚在园艺作物的生产中应用非常普遍，全国各地都有很大面积的应用。我国地域辽阔，气候复杂，利用塑料大棚进行蔬菜、花卉、果树等的设施栽培，对缓解蔬菜、花卉、果树淡季的供求矛盾起到了特殊的重要作用，具有显著的社会效益和经济效益。其主要用途有以下几个方面。

　　（1）育苗。应用塑料大棚可进行早春果菜类蔬菜育苗和花卉、果树育苗。

　　（2）蔬菜栽培。应用塑料大棚可进行蔬菜春季早熟栽培，在早春利用温室育苗、塑料大棚定植，一般果菜类蔬菜可比露地提早上市 20 ～ 40 d。进行果菜类蔬菜秋季延后栽培，一般可使果菜类蔬菜采收期延后 20 ～ 30 d；在气候冷凉的地区还可以采取春到秋的长季节栽培，其早春定植及采收与春茬早熟栽培相同，采收期直到 9 月末，可在塑料大棚内越夏。

　　（3）花卉和某些果树栽培。可利用塑料大棚进行各种草花、盆花和切花栽培。在气候条件较好的地区，也可利用塑料大棚进行草莓、葡萄、樱桃、猕猴桃、柑橘和桃等的栽培。

活动一 塑料大棚建造技术

1. 活动目标

了解塑料大棚的结构；掌握塑料大棚的施工要点。

2. 活动准备

常用塑料大棚施工材料与用具。

3. 相关知识

塑料大棚主要由立柱、拱杆、拉杆、压杆和棚膜五部分组成（见图1-6）。

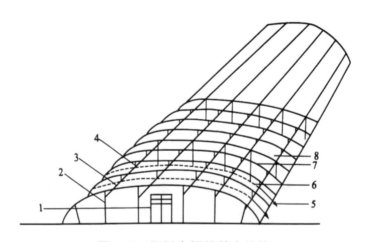

图1-6 塑料大棚的基本结构

1—棚门；2—立柱；3—拉杆；4—吊柱；5—地锚；6—压杆；7—拱杆；8—棚膜

（图片来源：赵会芳，2020，《设施蔬菜生产技术》）

立柱。它是塑料大棚的主要支柱，承受棚架、棚膜的质量以及雨、雪、风的负荷。立柱要垂直或倾向于引力，可采用竹竿、木柱、钢筋水泥混凝土柱等。使用的立柱不必太粗，但立柱的基部应设柱脚石，以防塑料大棚下沉或被拔起。立柱埋植的深度要在40～50 cm。

拱杆。它是塑料大棚的骨架，决定塑料大棚的形状和空间组成，还起支撑棚膜的作用。拱杆横向固定在立柱上，两端插入地下，呈自然拱形，间距为0.8～1.2 m。拱杆由竹片、竹竿或钢材、钢管等材料焊接而成。

拉杆。拉杆用于纵向连接拱杆和立柱，固定压杆，使塑料大棚骨架成为一个整体，提高了其稳定性和抗负荷能力。通常用较粗的竹竿、木杆或钢材作为拉杆，距立柱顶端30～40 cm，紧密固定在立柱上，拉杆长度和棚体长度一致。

压杆。压杆位于棚膜之上两根拱架中间，起压平、压实、绷紧棚膜的作用。压杆两端用铁丝与地锚相连，固定后埋入塑料大棚两侧的土壤中。压杆可用细竹竿作为材料，也可用8号铁丝、尼龙绳或塑料压膜线作为材料。

棚膜。这是覆盖在棚架上的塑料薄膜。棚膜可采用0.1～0.12 mm厚的PVC膜或PE膜以及0.08～0.1 mm的EVA膜。这些专用于覆盖塑料大棚的棚膜，其耐候性及其他性能均与非棚膜有一定差别。除了普通PVC膜和PE膜外，目前生产上多使用无滴膜、长寿膜、耐低温防老化膜等多功能膜作为覆盖材料。

4. 操作规程和质量要求 ⟫⟫⟫

根据实际情况完成塑料大棚的建造。

1）埋立柱

春用塑料大棚的立柱应于上一年秋土壤封冻前挖坑埋好，立柱埋深30～40 cm，立柱下要铺填砖石并夯实。土质过于疏松或立柱数量偏少时，应在立柱的下端绑一柱脚石，稳固立柱。立柱埋好后，要求纵横成排成列，立柱顶端的V形槽方向要与拱架的走向一致，同一排立柱的地上高度也要一致。

2）固定拉杆和安装拱架

固定拉杆。有立柱的塑料大棚拉杆一般固定到立柱的上端，距离顶端约30 cm处。钢架无立柱的塑料大棚一般在安装拱架的同时焊接拉杆。

安装拱架。竹拱架弧形棚边的塑料大棚的竹竿粗头朝下，两端插入地里，或用粗铁丝固定到矮边柱上（边柱斜埋入地里，地上部分长为50～60 cm）。直立棚边的塑料大棚的竹竿粗头朝下，安放到边柱顶端的"V"形槽内，并用粗铁丝绑牢，拱架两端与边柱的外缘齐平。

竖起后，要用支架临时固定，待调整好位置并将各焊接点依次焊接牢固以及焊接拉杆拉住钢架后，再撤掉支架。

3）扣膜

选择无风或微风天气扣膜。采用扒缝式及卷帘式通风口的塑料大棚，适宜的薄膜幅宽为3～4 m。扣膜时从两侧开始，由下向上逐幅扣膜，上幅膜的下边压住下幅膜的上边，上下两幅薄膜的膜边叠压缝宽不少于 20 cm。棚膜拉紧、拉平、拉正后，四边挖沟埋入地里，同时用上压杆压住棚膜。采用窗式通风口的塑料大棚大多将几幅窄薄膜连接成一幅大膜扣膜，以加强棚膜的密封性，增强保温能力。

4）固定压膜线和压杆

压膜线大多固定在两拱架之间，压杆则紧靠拱架固定在拱架上。

5. 问题处理 ≫

写出实践报告，说明塑料大棚的结构特点并详细记录建造过程和注意事项。

任务三　温室建造技术

【任务描述】

　　温室是普遍应用的保护性设施，是反季节生产蔬菜、部分花卉、水果、食用菌的主要设施类型。本任务要求了解普通日光温室、玻璃日光温室的性能及结构，能根据不同栽培对象，结合当地自然条件学会建造及应用日光温室。

【任务目标】

　　知识目标　了解温室的结构。

　　技能目标　掌握温室的建造技术要点。

　　素养目标　日光温室是我国独创的园艺设施类型，要主动培养敢为人先、开拓创新的精神。

【背景知识】

　　温室是可以人工调控环境中的温、光、水、肥、气等因子，栽培空间用透明覆盖材料，人在其内可以站立操作的一种性能较完善的环境保护设施。通常按覆盖材料的不同可以分为玻璃温室和塑料温室两大类，塑料温室又分为软质塑料（PVC 膜、PE 膜、EVA 膜等）温室和硬质塑料（PC 板、FRA 板、FRP 板等）温室。

　　中国温室的发展史可追溯到 2000 年前秦汉时代的西安"暖窖"，以及后来明清时代北京的"火室"和"暖洞子"，20 世纪五六十年代大面积推广普及的北京改良式（玻璃）温室和天津三折式（玻璃）温室等，一直发展到 20 世纪 80 年代末。20 世纪 90 年代的高效节能日光温室在北方地区迅速大规模推广普及。目前，全国温室已近 40 万 hm^2，对解决我国北方地区长期冬春蔬菜短缺、实现蔬菜供需基本平衡做出了突出贡献，反映了以节能技术为核心的、适合我国具体国情的高效节能日光温室的现状。

　　我国温室的发展经历从简易的火坑到今日的玻璃及塑料温室；从利用自然太阳能、温泉水到今日的太阳能和人工加温并用；从传统的单屋面温室发展到双屋面和拱圆形温室。随着社会的发展和科技的进步，逐渐实现了从简单到完善、从低级到高级、从小型到大型、从单栋到连栋，直至今日的现代智能温室和植物工厂，可进行全天候作物生产。

活动一　普通温室建造技术

1. 活动目标

了解温室的结构；掌握温室的建造技术要点。

2. 活动准备

常用温室建造材料与用具。

3. 相关知识

温室一般是指具有屋面和墙体结构，增、保温性能优良，适于在严寒条件下进行园艺植物生产的大型保护栽培设施的总称。

温室主要由墙体、后屋面、前屋面、立柱、加温设备以及保温覆盖物等部分构成。普通温室侧面结构如图 1-7 所示。

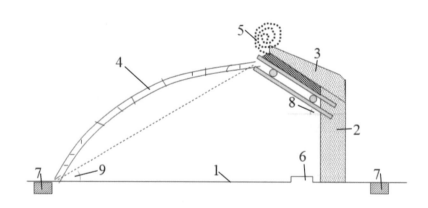

图 1-7　普通温室侧面结构

1—栽培床；2—后墙；3—后屋面；4—前屋面；5—保温覆盖物；6—人行道；7—防寒沟；
8—后屋面仰角；9—前屋面角

墙体。温室墙体分为后墙和东西两侧墙，主要由砖石等建成。一些玻璃温室以及硬质塑料板材温室是由玻璃或塑料板建成的。

砖石墙一般建成"夹心墙"或"空心墙"，宽度为 0.8 m 左右，内填充蛭石、珍珠岩、炉渣等保温材料。

后墙高度为 2 ~ 4 m。侧墙前高为 1m 左右，后高同后墙，脊高为 3 ~ 5 m。

墙体主要作用：一是保温防寒；二是承重，主要承担后屋面的质量；三是可以在墙顶放置草苫和其他物品；四是可以在墙顶安装一些设备，如草苫卷放机。

后屋面。砖石结构温室的后屋面多由钢筋水泥预制柱（或钢架）、泡沫板、水泥板和保温材料等构成。

前屋面。前屋面由屋架和透明覆盖物组成。

屋架。其主要是用于前屋面造型以及支持薄膜和草苫等，分为半拱圆形和斜面形两种基本形状。钢管及硬质塑料管、圆钢等易于弯拱的建材，多加工成半拱圆形屋架，角钢、槽钢等则多加工成斜面形屋架。

按结构形式不同，一般将屋架分为普通式和琴弦式两种。

a. 普通式。一般只有一种拱架，拱架间距为 1 ~ 1.2 m，结构牢固，易于管理，但造价偏高。

b. 琴弦式。拱架一般分为主拱架（粗钢管、钢梁）和副拱架（细钢管）两种。主拱架强度较大、支持力强、持久性好，一般间距为 3 m 左右；副拱架强度较小、支持力弱、容易损坏，持久性差。

在主拱架上纵向固定粗铁丝或钢筋，将副拱架固定到粗铁丝上。拱架、铁丝一起构成琴弦式屋架。

琴弦式屋架综合了主拱架和副拱架的优点，用材经济、费用低，温室内的温度、光照环境也比较好。但主拱架的负荷较大、容易损坏，加之副拱架的持久性差等原因，整个屋架的牢固程度不如普通式屋架。目前，琴弦式屋架主要用于简易日光温室。

透明覆盖物。透明覆盖物的主要作用是白天使温室增温，夜间起保温作用。其使用的材料主要有塑料薄膜、玻璃和硬质塑料板材等。

立柱。普通温室内一般有 3 ~ 4 排立柱。按立柱在温室中的位置，分别称为后柱、中柱和前柱。后柱的主要作用是支持后屋面，中柱和前柱主要支持和固定拱架。

立柱主要为水泥预制柱，横截面规格为（10 ~ 15）cm × （10 ~ 15）cm。高档温室多使用粗钢管作立柱。立柱一般埋深 40 ~ 50 cm。后排立柱距离后墙 0.8 ~ 1.5 m，向北倾斜 5° 左右埋入地里，其他立柱则多垂直埋入地里。

钢架结构温室以及管材结构温室内一般不设立柱。

加温设备。加温设备主要有火道、暖水、电炉、地中热加温设备等。冬季不是很寒冷的地区，一般不设加温设备或仅设简单的加温设备。

保温覆盖物。保温覆盖物的主要作用是在低温期减少温室内的热量散失，保持温室内的温度。温室保温覆盖物主要有草苫、纸被、无纺布以及保温被等。

4. 操作规程和质量要求 ≫

根据实际情况完成温室的建造。

1) 抄平地面

用水平仪测量地面后，按标准高度抄平地面。

2) 画线

按平面设计图，用白灰在抄平的地面上画出温室的四条边及墙体的平面图。温室的四角要画成直角，可用"勾股定理"来确定。

3) 墙体施工

砖石墙施工要点：墙基要深，一般深度在 40 cm 以上；内层墙厚为 24 cm；外层墙厚为 12 cm；两层墙间的促温层宽为 12 cm；两层墙间要有"拉手"（钢筋或砖），把两墙建成一体。

墙体砌到要求的高度后，顶部用水泥板盖住，并用水泥密封严实，防止进水。

4) 埋立柱

按平面设计图要求标出挖坑点。

后排立柱挖坑深度不少于 50 cm，前、中排立柱挖坑深度不少于 40 cm。将坑底填入砖石，在夯实后放入立柱。在东西方向上，每排立柱先埋东西两根，调整高度和位置，确保两立柱在要求的平面上以及顶高在同一水平线上后，用土固定、埋牢。然后，在两立柱的顶端水平拉一施工线，其余立柱以施工线为标准，逐一埋牢。

后排立柱应向后倾斜 5°~8° 埋入地里，其他立柱垂直埋入地里即可。前排立柱埋好后，还应在每根立柱的前面斜埋一根"顶柱"，防止前柱受力后向前倾斜。

立柱要纵横成排、成列。东西方向上各排立柱的地上高度要一致，立柱顶端预留的 V 形槽口方向也要一致。

5) 后屋面施工

砖石结构温室的后屋面多由钢筋水泥预制柱（或钢架）、泡沫板、水泥板和保温材料等构成。

后屋面的主要作用是保温以及放置草苫等。

6）前屋面施工

（1）有立柱温室前屋面施工技术要点。

①安装拱架。用钢管作为拱架时，应将钢管依次焊接到后屋顶和南北立柱顶端的焊接点上。

琴弦式结构温室的屋架在固定好钢管后，按 25 cm 左右间距在钢管上东西向拉专用钢丝。钢丝的两端固定到温室外预埋的地锚上。钢丝与钢管交叉处用细铁丝紧固，避免钢丝上下滑动。最后，在铁丝上按 60 cm 间距固定加工好的细钢管。

②扣膜。选择无风或微风天气扣膜。采用扒缝式通风口类温室，主要有双膜法和三膜法两种扣膜方法。双膜法扣膜后只留上通风口，下通风口一般用揭膜法代替。三膜法扣膜后，留有上下两个通风口，下通风口的位置比较高，可避免"扫地风"的危害。扣膜时，上幅膜的下边压住下幅膜的上边，压幅宽不少于 20 cm。

不论采取何种扣膜法，叠压处上下两幅薄膜的膜边均应粘成裙筒。下幅膜的裙筒内穿粗铁丝或钢丝，并用细铁丝固定到前屋面的拱架或钢丝上，防止膜边下滑。上幅膜的裙筒内要穿钢丝，利用钢丝的弹性，拉直膜边，使通风口关闭时合盖严实。

扣膜后，随即固定压膜线压住薄膜。

（2）无立柱温室前屋面施工技术要点。

该类温室的拱架为钢梁或工厂生产的成型屋架，施工比较简单。安装时，需要用支架临时固定住拱架，待焊牢连接点或上螺丝固定住连接点后，再撤掉支架。拱架间用纵向拉杆连成一体。

5. 问题处理

写出实践报告，说明温室的结构特点并详细记录建造过程和注意事项。

活动二　玻璃温室建造技术

1. 活动目标

了解玻璃温室的建造步骤，掌握玻璃温室的施工要点。

2. 活动准备

标准的玻璃温室、玻璃温室建造方案。

3. 相关知识

玻璃温室以玻璃作为覆盖材料，通常情况下为连栋结构，由荷兰开发研究后流行于全世界。玻璃温室拥有美观的外形和稳定的结构，常用于蔬菜、花卉和水果栽培，也可以用于休闲观光，建立生态餐厅等。

玻璃温室通常拥有外遮阳系统、内遮阳系统、内保温系统、湿帘 – 风机降温系统、自然通风系统、环流风机、光照系统、强电控制系统和弱电控制系统等配套设施。

玻璃温室设计包含建筑结构设计和配套设施设计。在温室建造前，需要绘制出对应的设计图和效果图。

（1）建筑结构设计。

玻璃温室的主体骨架一般采用三屋脊钢结构，防腐性能好。其主体使用寿命在 20 年以上，结构设计基准期为 50 年，设计需遵守国家规范、标准及条例。

根据温室的使用特点，在设计过程中主要考虑室内温湿度控制、制造成本、使用寿命等因素。因此，在满足强度、刚度和使用寿命的前提下，整个温室的骨架采用轻型钢结构，屋顶梁采用热镀锌钢管，顶窗框架采用轻型铝合金。中间立柱跨度方向常见间距有 8 m、9.6 m 和 12 m 三种。温室顶部多采用单层玻璃覆盖，侧面根据温室需求可以选择单层玻璃或双层中空玻璃。连栋玻璃温室的高度一般不低于 5 m，不高于 12 m，根据南北方的气候差异有所调整。

（2）配套设施设计。

玻璃温室的配套设施设计一般包括通风降温系统、温室补光系统、智慧灌溉系统、物联网环境监测系统、视频监控系统、智能管理控制系统和数字孪生系统等。

（3）设计图和效果图。

根据设计规划，绘制对应的设计图和效果图。

以南京六合中等专业学校设施农业实训中心的玻璃温室为例，该温室长为 32 m，宽为 4 m，高为 4 m，占地面积为 128 m²，内部空间为 512 m³，其设计图和效果图如图 1-8 ~ 图 1-12 所示。

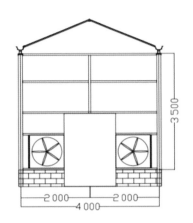
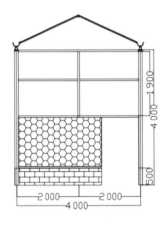

图 1-8 玻璃温室结构设计图——风机一侧 图 1-9 玻璃温室结构设计图——湿帘一侧

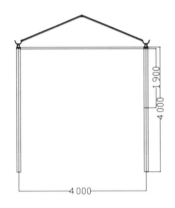

图 1-10 玻璃温室结构设计图——温室剖面

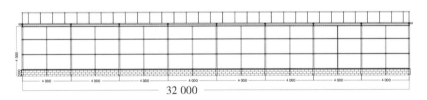

图 1-11 玻璃温室结构设计图——温室侧面

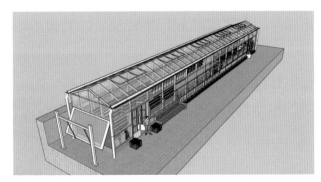

图 1-12 玻璃温室效果图

4. 操作规程和质量要求

根据实际情况完成玻璃温室的建造。

玻璃温室的建造步骤包括地基施工、预埋水电管线、搭建框架结构、安装玻璃、安装配套设施。

1）地基施工

调查分析建设地区的地质构造、土壤的性质和类别、地基土的承载力、地震级别等，计算温室的总体质量，确保符合场地各项指标。

地基施工时，基础埋深应不小于 0.5 m。特殊建造场景，如屋顶空地，可使用混凝土及钢板组合制成地基。

2）预埋水电管线

在熟悉了解温室功能的基础上，规划并绘制温室配套的水路和电路，在地基施工的同时预埋水路和电路的管线。

预埋前根据基础设施与配套设施规划插座、水龙头的位置，确定水电走向与分支。预埋时管线尽量避免交叉穿越（如无法避免穿越时最好不要超过 2 层管线且做加强处理）。预埋完成后，管线口必须用胶带密封好，防止灰浆等杂物掉进去，造成堵塞。

3）搭建框架结构

根据设计方案，组装温室的框架结构。确保框架稳固并符合温室的布局需求。

所有钢管或型钢构件、板材，采用热镀锌处理。镀锌前后，构件上不能有裂纹、夹层、烧伤及其他影响强度的缺陷，镀层厚度须达到 150 ～ 200 μm。

金属件焊缝应均匀、牢固、满焊，不能有虚焊、脱焊、漏焊、烧伤和裂纹现象。焊渣要全部清除干净，不得残留。

骨架结构应采用专用扣件、专用螺栓和标准螺栓，冲切边不应有明显毛刺，表面不得有明显的压线和划痕。

以南京六合中等专业学校设施农业实训中心的玻璃温室为例，其施工现场的钢结构框架搭建情景如图 1-13 所示。

4）安装玻璃

根据设计方案，安装玻璃板，安装时确保玻璃板之间的连续性和密封性。

图 1-13　钢结构框架搭建情景

顶部玻璃在两个端面分别加装加强玻璃及人字梁，玻璃受载荷的作用最大弯曲变形挠度一般不应大于跨度的 1/70。

固定玻璃的框架应有足够强度，防止因框架变形使玻璃破碎，玻璃周边与框架应留有合适的间隙，底部及四周采用弹性材料填充。

安装玻璃后必须采用结构胶或玻璃专用胶对框架和玻璃进行二次密封，防止漏风、漏气现象的发生。

以南京六合中等专业学校设施农业实训中心的玻璃温室为例，其施工现场的玻璃安装情景如图 1-14 所示。

图 1-14　玻璃安装情景

5）安装配套设施

固定在温室结构上的设施，需要与玻璃板同时安装，如风机、湿帘、天窗等；温室内的设施可以在温室建造完成后安装，如栽培系统、灌溉系统、物联网控制系统等。

5. 问题处理 >>>

写出实践报告，说明玻璃温室的结构特点并简要叙述设计建造过程和注意事项。

任务四 设施环境调控技术

【任务描述】

园艺设施内的环境因子包括光照、温度、湿度、气体和土壤等，这些因子除受外界环境影响外，在一定程度上还能够实现人工调控。因此，本任务要求了解设施内环境因子的特征，掌握各种环境因子的人工调控措施，促进园艺作物的优质、高产和高效栽培。

【任务目标】

知识目标　了解园艺设施内的环境特点，掌握其主要调控措施。

技能目标　能根据园艺作物生长发育对环境条件的要求，对各种设施内的环境条件进行调控。

素养目标　各设施环境因子之间相互联系、相互影响，共同构成了设施环境，要主动培养全面系统工作的意识。

【背景知识】

设施栽培是在一定的空间范围内进行的，因此生产者对环境的干预、控制和调节能力与影响，要比露地栽培大得多。管理的重点，是根据作物遗传特性和生物特性对环境的要求，通过人为调节控制，尽可能使作物与环境协调、统一和平衡，人工创造出作物生长发育所需的最佳的综合环境条件，从而实现蔬菜、水果和花卉等设施作物栽培的优质、高产和高效。

园艺作物设施栽培的环境调控及栽培管理技术，主要考虑以下几个因素。

（1）掌握作物的遗传特性和生物学特性及其对各个环境因子的要求。园艺作物种类繁多，同一种类又有许多品种，每一个品种在生长发育过程中又有不同的生育阶段（发芽、出苗、营养生长、开花、结果等），上述种种对周围环境的要求均不相同，生产者必须了解。光照、温度、湿度、气体和土壤是作物生长发育必不可少的5个环境因子，每个环境因子对各种作物的生长发育都有直接的影响，作物与环境因子之间存在着定性和定量的关系，这是从事设施作物生产必须掌握的。

（2）了解各种园艺设施的建筑结构、设备以及环境工程技术所创造的环境状况特点。了解各个环境因子的分布规律，以及对设施内不同作物或同一作物不同生育阶段的影响，以确立环境调控的基本方法。

（3）通过环境调控与栽培管理技术措施，使园艺作物与设施的小气候达到和谐、完美的统一。

在了解农业设施内的环境特征及掌握各种园艺作物的生长发育对环境要求的基础上，生产者有了生产管理的依据，才可能有主动权。环境调控及栽培管理技术的关键，就是千方百计使各个环境因子尽量满足某种作物的某一生育阶段对光照、温度、湿度、气体和土壤的要求。作物与环境和谐统一，其生长发育就会更加健壮，农业生产就能实现高产、优质和高效。

农业生产技术的改进，主要沿着两个方向进行：一是创造出适合环境条件的作物品种及其栽培技术；二是创造出使作物本身特性得以充分发挥的环境。而设施农业就是实现后一目标的有效途径。

活动一　设施内的温湿度和光照观测与调控

1. 活动目标 ▸▸

了解设施内温湿度、光照的变化情况和调控措施；熟练掌握温湿度、光照强度观测的方法。

2. 活动准备 ▸▸

电子存储式温湿度记录仪、照度计等。

3. 相关知识 ▸▸

设施温湿度的观测与调控

1）设施温度环境的调控

增温保温措施。主要采用 U 形结构，增大透光率、减少贯流放热、减少缝隙放热、设防寒沟以减少地中传热等。

降温措施。塑料拱棚和日光温室冬春季多采用自然通风的方式降温，高温季节除通风外，还可利用遮阳网、无纺布等不透明覆盖物遮光降温。通风方式包括带状通风、筒状通风和底脚通风三种。

2）设施湿度环境的调控

除湿。除湿主要采用通风排湿、加温除湿、科学灌水和地面覆盖等方法降低室内空气湿度。

加湿。可通过减少通风量、加盖小拱棚、高温时喷雾及灌水等方式来增加设施内的空气湿度和土壤湿度。

3）设施光照环境的调控

增加光照处理。保持薄膜清洁，每年更换新膜；在室内温度不受影响的情况下，早揭晚盖草苫，尽量延长光照时间，遇阴天只要室内温度不低于蔬菜适应温度下限，就应揭开草苫；设施内张挂反光幕，地面铺地膜，利用反射光改善植株下部的光照条件；采用扩大行距、缩小株距的配置形式，改善行间的透光条件；及时整枝打叉，改插架为吊蔓，减少遮阴；必要时可利用高压水银灯、白炽灯和荧光灯等进行人工补光。

设施光照强度的
观测与调控

遮光处理。炎夏季节设施内光照过强、温度过高，可通过覆盖遮阳网、无纺布、竹帘等进行遮光降温。

▶ 4. 操作规程和质量要求 ≫

1）测定温湿度

测定大棚内温湿度时，位置设置如下：选大棚的三个横断面（中间一个，南北各一个），分别在每个横断面距地面 0 ~ 1 m 高度处放三台温湿度记录仪（中间一个，距大棚边缘 1 m 各一个），在大棚外面放一台做对照。

把调试好的电子存储式温湿度记录仪在 14：00 整放于大棚内设置的不同位置，按照表 1-1 每隔 1 h 记录一次温湿度。查出大棚一天中最高、最低温度时刻和温度。

将电子存储式温湿度记录仪和计算机连接，将得到的数据输入计算机，并填入表 1-1 中，依据数据，在坐标纸上画出大棚 1 d 内一个断面的不同位置处的温湿度变化情况曲线图，并与露地做对照进行分析说明，并说明这样变化的原因。

表 1-1　大棚内温湿度变化记录表

时间	14：00	15：00	16：00	17：00	18：00	19：00	20：00	21：00	22：00	23：00	24：00	1：00
温度												
湿度												
时间	2：00	3：00	4：00	5：00	6：00	7：00	8：00	9：00	10：00	11：00	12：00	13：00
温度												
湿度												

2）测定光照强度

位置设置：选大棚的三个横断面（中间一个，东西山墙各一个），分别在每个横断面距地面 0～1 m 高度处放三台照度仪（距大棚边缘 1 m 处各一个），同时在大棚外面的露地放一台照度仪做对照。

分别在 6：00—17：00，每隔 1 h 观测日光温室不同位置的光照强度，将得到的数据填入表 1-2 内，并分析说明大棚光照分布的特点，与露地做对照。

表 1-2　大棚内光照强度记录表

时间	6：00	7：00	8：00	9：00	10：00	11：00	12：00	13：00	14：00	15：00	16：00	17：00
光照强度 /lx												

5. 问题处理 ▶▶

分成若干组，根据观测的数据，完成实训报告。简要分析设施不同位置的温湿度、光照分布与日变化特点，绘制设施内温湿度、光照强度日变化曲线图。比较曲线图，同时比较说明各观测时刻温湿度、光照的差值，并与露地做对照。

活动二　设施内的土壤和气体观测与调控

1. 活动目标 ▶▶

掌握设施内营养和气体的特点及其观测方法；能根据不同园艺作物在不同生长发育时期对营养和气体的要求，进行综合调控。

2. 活动准备

三个分别栽培了番茄、黄瓜、豇豆的标准塑料大棚，土壤养分速测仪，土壤水分速测仪等。

3. 相关知识

1）设施内气体环境的调控

（1）二氧化碳补施技术。

通风换气法。该方法利用塑料大棚内外二氧化碳的浓度差来进行强制性通风或者通过自然流通来增加二氧化碳的浓度。

设施气体环境的
调节控制

土壤施肥法。该方法是向土壤中施用一些能够产生二氧化碳的有机肥料，如腐熟的稻草、稻壳与稻草的堆肥、腐熟的叶子泥炭等。

人工施用二氧化碳。目前设施内增加二氧化碳气体的常用方法有燃烧法、化学法、生物法、液态法等。

（2）有害气体调控技术。

合理施肥。有机肥要充分腐熟后施用，并且要深施，以防氨气和二氧化硫等有害气体的危害；不用或少用挥发性强的氮素化肥；深施基肥，不地面追肥；施肥后及时浇水等。

覆盖地膜。用地膜覆盖垄沟或施肥沟，阻止土壤中的有害气体挥发。

正确选用与保管塑料薄膜和塑料制品。应选用无毒的蔬菜专用塑料薄膜和塑料制品，设施内不堆放陈旧制品及农药、化肥、除草剂等，以防高温时挥发有毒气体。

正确选择燃料，防止烟害。应选用含硫低的燃料加温。加温时，炉和排烟道要密封严实，严防漏烟。有风天加温时，还要预防倒烟。

勤通风。一旦发生气害，注意加大通风，不要滥施农药化肥。

2）设施内土壤环境的调控

（1）为防止营养过剩或营养失调，可选用测土施肥、增施有机肥、施专用肥等。

（2）为防止土壤盐渍危害，可进行科学施肥、生物除碱和换土除盐。科学施肥：多施有机肥并确定较准确的施肥量和施肥位置。生物除碱：进行土壤改良，可进行深耕改善土壤的理化性质；进行地面覆盖，减少地面水分蒸发，控制盐分积累，也可通过灌水使土壤淋溶等。灌水洗盐：埋设排水管，在休闲季节大量灌水，冲淡土壤溶液，降低盐分含量。换土除盐：将设施内的土壤换成盐分含量低的土壤，或将保护设施迁移到盐分浓度低的土壤上。

设施基质环境的
调节控制

（3）为防止土壤酸化，可增施有机肥、石灰等。

（4）为消除土壤中的病原菌，可合理轮作、土壤消毒等。药剂消毒：40% 甲醛 50 ~ 100 倍，覆膜 2 d，揭去后通风 2 周。硫磺粉消毒。蒸汽消毒：60℃以上 30 min 可消灭多数病菌。

4. 操作规程和质量要求

（1）对土壤和气体的观测，一般利用土壤养分速测仪、土壤水分速测仪定期（一般每 7 ~ 10 d 测定 1 次）测定土壤养分与水分含量。

（2）塑料大棚管理中应注意及时通风换气，排出有毒气体，补充二氧化碳。

（3）根据观测数据，结合蔬菜各生长发育时期对环境条件的要求进行综合调控，调控措施参考如下。

肥料调控。黄瓜需肥量大，但吸肥能力和耐肥能力弱，须少施勤施；番茄需肥量大、吸肥能力强、耐肥能力中等，宜经常适量施肥；豇豆需肥量小，且吸肥能力和耐肥能力弱，不宜多施肥。

气体调控。一般在晴天的 10：00—16：00，揭开裙膜进行通风换气。即使在阴雨天的中午，也要揭开裙膜进行通风换气，防止作物氨气、二氧化硫、一氧化碳等有害气体中毒。可增施有机肥，补充二氧化碳。

5. 问题处理

（1）根据当地蔬菜种植特点，制订蔬菜生产设施内的土壤和气体调节计划并列出所使用的设备。

（2）南方日光温室（塑料大棚）内的土壤和气体如何进行调节？

活动三　智能温室管理与环境调控

1. 活动目标

了解智能温室的组成；熟悉智能温室八大系统功能；掌握智能温室管理与环境调控措施。

2. 活动准备

拥有通风降温、温室补光、智慧灌溉、物联网环境监测、视频监控、智能控制管理和数字孪生等系统的玻璃温室。

3. 相关知识

智能温室是一种利用先进的传感、控制和自动化技术来优化植物生长环境的设施。它结合了物联网（Internet of things，IoT）、人工智能（artifical intelligent，AI）和数据分析等技术，旨在创造一个高度可控的生态系统，以最大程度地提高园艺作物的产量和质量。智能温室具有传感器监测、光照控制、灌溉与施肥、自动化作业、远程监控和控制等功能，对于一些更先进的智能温室，通过数字孪生系统可实现智能的三维可视化管理。

智能温室利用现代科技手段，创造了一个高度优化的农业生产环境，为园艺作物的生长提供了精细的管理和控制，以满足人们对高质量农产品的需求。智能温室一般由玻璃温室、通风降温系统、温室补光系统、智慧灌溉系统、物联网环境监测系统、视频监控系统、智能控制管理系统和数字孪生系统八大部分组成。

1）智能温室的组成与功能

（1）玻璃温室。

智能温室多采用文络型玻璃温室（见图1-15），它是一种屋脊连栋小屋面玻璃温室，由荷兰研究开发后流行于全世界，是中国目前应用最广、使用面积最大的智能温室结构。

智能温室结构与功能

温室具有小屋顶、多雨槽、大跨度和格构架结构等特点。其透光率高、用钢量少、通风面积大、通风性好、抗风性强。文络型玻璃温室花卉种植如图1-16所示。

图1-15　文络型玻璃温室

图1-16　文络型玻璃温室花卉种植

（2）通风降温系统。

通风降温系统包含天窗（见图1-17）、风机（见图1-18）、湿帘（见图1-19）、外遮阳和内遮阳等设备。

夏季通过温室风机和湿帘的结合，利用蒸发冷却原理，实现降温效果。首先关闭温室天窗，随后开启风机，将温室内的空气强制排出，造成一定的负压；开启电磁阀，将水打在对面的湿帘上；室外空气被负压吸入室内，以一定的速度穿过湿帘进入温室，形成的冷空气流与温室内热空气进行热交换；最后将暖湿空气排出，如此循环，达到降温的目的。夏季因光照强烈导致温室内部温度过高或影响作物生长时，可以展开外遮阳和内遮阳来控制光照。

图1-17　天窗

图1-18　风机

图1-19　湿帘

（3）温室补光系统。

温室补光系统是一种用于植物生长环境的技术，通过提供额外的光源促进植物在温室内的生长。若自然光照可能不足以支持植物的正常生长，尤其是在冬季或阴天时，温室补光系统可弥补这种不足，提供园艺作物所需的光照以促进其健康生长。温室补光系统可以根据园艺作物不同的生长阶段提供不同波长和强度的光线，从而促进园艺作物的生长和开花过程；通过优化光照条件和延长光照时间，温室补光系统可以提高园艺作物的产量和品质。

图1-20　LED补光灯

温室补光系统通常使用人工光源，如荧光灯、LED补光灯（见图1-20）等。可通过调整光的颜色和强度，产生特定波长和强度的光线，使其适应不同园艺作物在不同生长阶段对光照的需求。

（4）智慧灌溉系统。

智慧灌溉系统采用物联网和水肥一体化技术，根据植物的实际需求、土壤湿度和环境条件智能调整灌溉水量和频率，以提高水资源的利用效率，促进植物的健康生长。智慧灌溉系统一般由恒压供水系统、智能水肥一体机（见图1-21）、水处理系统（见图1-22）、灌溉管道系统、灌溉系统（滴水器）、土壤墒情监测系统、自动灌溉控制系统、手机端管理系统等组成。

图 1-21　智能水肥一体机

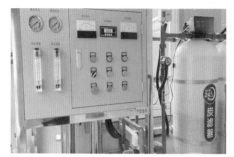
图 1-22　水处理系统

恒压供水系统可以根据灌溉需求自动调整水泵的工作，保持恒定的水压，满足园艺作物生长需要。水处理系统为水肥一体机提供洁净水源，采用反渗透技术（reverse osmosis，RO），通过过滤可以去除灌溉水中的杂质及重金属离子。

水肥一体化技术是指在灌溉水中溶解肥料或在灌溉系统中添加肥料，使灌溉和施肥同时进行，以减少养分的损失和浪费。通过合理调控灌溉水量和肥料施用量，使其匹配园艺作物生长需求。智能水肥一体机采用水肥一体化技术，结合了自动化、传感器和控制系统，能够根据园艺作物需求、土壤情况和环境因素，自动控制水和肥料的投放，以提供适量的水分和养分，促进园艺作物的健康生长。

（5）物联网环境监测系统。

物联网环境监测系统分为室外气象站和室内监测系统两种。室外气象站（见图1-23）是一种用于监测室外气象条件的设备，通常包括多种传感器和仪器，用于测量和记录气温、湿度、气压、风速、风向和降水量等气象要素，对指导农业生产具有重要作用。

室内监测系统（见图1-24）通过传感器采集作物生长环境数据，如空气温湿度、土壤温湿度、土壤 pH 值、土壤 EC 值、二氧化碳浓度和光照强度等，这些数据有助于了解园艺作物所处的环境条件，确保作物生长在适宜的环境中。

管理员可以根据作物生长需要设定环境因素的阈值，当数值超出设定范围时，系统会进行预警，并向管理员发送预警信息。通过精确的环境控制和管理，物联网环境监测系统可以促进园艺作物的健康生长，提高产量和质量。

图 1-23　室外气象站

图 1-24　室内监测系统

（6）视频监控系统。

视频监控系统（见图1-25）具有视频采集、视频存储、视频检索及播放功能，记录植物生长发育的重要阶段，辅助用户及时观测病虫害。

图1-25 视频监控系统

（7）智能控制管理系统。

智能控制管理系统拥有现场控制端、计算机端及手机端。通过计算机端和手机端可以设定时间模式或传感器模式自动运行策略，对温室的天窗、内遮阳、外遮阳、风机、湿帘、补光灯等多种温室设备进行远程控制。

时间模式自动运行策略：设定温室设备开启和关闭的时间，到达设定时间时，设备会自动开启或关闭。如设定温室风机每天8：00开启，17：00关闭。

传感器模式自动运行策略：设定温室设备开启和关闭的数据阈值，超出设定阈值时，设备会自动开启或关闭。如设定26～34℃为温度阈值范围，超过34℃时，自动打开风机；低于26℃时，自动关闭风机。智能温室管理系统计算机端如图1-26所示。

图1-26 智能温室管理系统计算机端

（8）农业数字孪生系统。

农业数字孪生是一种新型的农业生产方式。农业数字孪生系统以三维可视化为特色，以物联网、大数据、人工智能等新型数字化技术为基础，构建智慧温室"大脑"，实现农业生产过程全可视、数据全融合、业务全可管和管理全智能。通过农业数字孪生,可以提高农业生产效率、降低生产成本、创新运营模式、保障生产安全、促进农业现代化进程。数字孪生农场如图1-27所示。

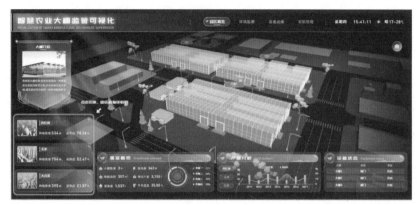

图1-27 数字孪生农场

数字孪生系统将现实场景在数字环境中进行三维数字建模,构建一个虚拟的"真实场景"。例如对智能温室常见的智能植物工厂、岩棉番茄栽培系统、草莓栽培系统、物联网控制室、智能灌溉管理中心等设施进行建模。在数字孪生农场系统中,这些设施的模型可以被放大、缩小,并展示多个角度的视图,方便用户查看和操作,实现温室运营情况、农业生产流程、作物生长状态等数字化、可视化和模拟化。

数字孪生系统通过三维建模真实复现设备设施外观、结构、运转详情;通过物联网传感设备对各类设施具体位置、类型、运行环境、运行状态进行监控,支持设备运行异常(故障、短路冲击、过载、过温等)实时报警,辅助管理者直观掌握设备运行状态,及时发现设备故障问题,确保安全生产。数字孪生农场系统可视化管理如图1-28所示。

图1-28 数字孪生农场系统可视化管理

数字孪生系统通过可视化分析图表呈现农产品生长状态、作业情况和设施,集成了病虫害防治、作物生长管理、产量预测、灌溉与施肥等多种算法模型,可以对作物生长进行全生命周期监测和优化管理。管理者通过虚拟环境模拟不同的农业策略,预测不同决策的结果，帮助管理者做出更明智的决策。通过准确的数据分析和智能决策，管理者可以更有效地使用资源，减少浪费、降低成本。

2）智能温室对作物生长环境的调控

（1）对环境温度的调控。

夏季通过温室风机和湿帘的结合，利用蒸发冷却原理，实现降温效果。降温过程：风机启动增加温室内的空气流通量，当空气通过潮湿的湿帘时，会形成低温水汽，通过水的蒸发来降低空气的温度。

在夏季，可以设定风机开关的温度阈值为 25 ~ 34℃（实际设定时需参考应用场景的温度变化范围）。当智能温室管理系统监测到环境温度超过设定阈值时，系统可以依次自动关闭天窗、打开湿帘、打开风机；当智能温室管理系统监测到环境温度低于设定阈值时，系统可以依次打开天窗、关闭湿帘、关闭风机。

冬季通过保温被保持温室内热量，并减少热量流失。保温过程描述：展开保温被覆盖在温室顶部和周围，减少白天所积累热量的散失，保证温度在作物最低生长温度以上。

在冬季，可以设定保温被开关的温度阈值为 8 ~ 15℃（实际设定时需参考应用场景的温度变化范围），当智能温室管理系统监测到环境温度低于设定阈值时，系统可以自动展开保温被；当智能温室管理系统监测到环境温度高于设定阈值时，系统可以自动收起保温被。

（2）对土壤湿度、EC 值的调控。

当智能温室管理系统监测到土壤湿度或 EC 值低于设定阈值时，系统可以自动执行灌溉程序；当智能温室管理系统监测到土壤湿度或 EC 值高于设定阈值时，系统可以自动停止灌溉程序。

定量施肥。根据作物的生长阶段和需求，精确计算肥料施用量，并通过灌溉系统将肥料溶解到灌溉水中。

定时施肥。根据农作物的生长周期和水分需求，合理安排灌溉和施肥的时间，确保植物持续得到养分。

技术设备支持。使用现代化的灌溉系统和肥料投放设备，如滴灌、喷灌、肥料箱等，以实现精确、均匀的水肥供应。

4. 操作规程和质量要求

使用智能温室管理系统通过时间模式设定温室天窗、风机、湿帘的开关时间。

使用智能温室管理系统通过传感器模式设定温度阈值范围，控制温室天窗、风机、湿帘的开关。

（1）记录温室温度变化。

打开温室管理系统数据查询界面的温度变化曲线，查出 6：00—18：30 每半小时的温室温度数据，记录在表 1-3 中。

表 1-3　温室温度数据记录表

时间	6：00	6：30	7：00	7：30	8：00	8：30	9：00	9：30	10：00	10：30	11：00	11：30	12：00
温度													
时间	12：30	13：00	13：30	14：00	14：30	15：00	15：30	16：00	16：30	17：00	17：30	18：00	18：30
温度													

（2）时间模式设定步骤。

参考温室 6：00—18：30 的温度变化，选择合适的温度控制时间节点。

在温室管理系统中，分别单击温室天窗、湿帘、风机模块，勾选时间模式，设置开启和关闭的时间节点。设置完成后，将设置结果记录在表 1-4 中。思考天窗、湿帘、风机开关的先后顺序，并说明原因。

表 1-4　时间模式设定记录表

模块及描述	打开时间	关闭时间
天窗		
风机		
湿帘		
过程描述		

（3）传感器模式设定步骤。

参考温室 6：00—18：30 的温度变化，选择合适的温度控制阈值范围。

在温室管理系统中，分别单击温室天窗、湿帘、风机模块，勾选传感器模式，设置打开和关闭的温度阈值。设置完成后，将设置结果记录在表 1-5 中。思考并说明温度达到设定阈值后，天窗、湿帘、风机的响应过程。

表 1-5　传感器模式设定记录表

模块及描述	打开阈值	关闭阈值
天窗		
风机		

续表

模块及描述	打开阈值	关闭阈值
湿帘		
过程描述		

5. 问题处理

与传统温室相比，智能温室在环境调控方面有哪些优势？小组讨论并总结智能温室在环境调控方面的优势，形成文字分析报告。

项目拓展

冬季久阴骤晴时园艺设施内环境管理　　（插入二维码 1）

二维码 1

拓展园地

深耕设施园艺，科研致知力行　　（插入二维码 2）

二维码 2

巩固练习

1. 透明覆盖材料有哪些？如何正确选择？

2. 半透明覆盖材料有哪些？如何正确使用？

3. 与传统保温覆盖材料相比，保温被具有哪些优点？

4. 简述塑料大棚的结构及建造要点。

5. 简述日光温室的结构及建造要点。

6. 简述玻璃温室的结构及建造要点。

7. 试述塑料大棚内环境的调控措施。

8. 简述智能温室的组成与功能。

9. 简述智能温室控制管理系统的时间模式和传感器模式运行策略。

10. 简述智能温室对环境温度的调控过程。

11. 简述智能温室对土壤湿度、EC 值的调控过程。

项目二

设施育苗技术

[2]

项目背景

俗话说"好苗半季产",这充分体现了育苗的重要性。种苗是蔬菜、果树和花卉生产的基础。种苗质量的好坏直接影响果树的结实、蔬菜的质量以及花卉的观赏价值。种苗生产就是根据生产的需要,育成数量充足且质量良好的秧苗。本项目围绕蔬菜、果树和花卉育苗的方法、基本技术原理以及不同园艺植物的育苗进行简要的叙述。

项目目标

了解蔬菜、果树和花卉育苗的方法和基本技术原理;了解工厂化育苗的技术原理及措施;掌握切实可行的设施育苗技术;熟练掌握园艺植物播种育苗、嫁接育苗、扦插育苗的操作及管理技术。

任务一　设施蔬菜育苗技术

【任务描述】

中央电视台《田间示范秀》栏目接到河南省一位菜农的求助电话,求助的问题是苗棚里的茄子苗有接近30%出现了死亡,而且大部分是嫁接后的新苗。作为家里的主要经济来源,茄子苗这样的淘汰率让这位菜农一家都很着急。乡土专家陈丰茂现场调查发现了"茄子苗出现死亡"的原因在于苗棚里的温度不达标,导致嫁接后的茄子苗出现大量卷叶。本任务要求精心设计一个蔬菜育苗的技术方案,并负责实施。

【任务目标】

知识目标　掌握蔬菜育苗相关知识;掌握蔬菜育苗营养土的配制方法;掌握蔬菜插接法和靠接法等育苗技术要点。

　　技能目标　能进行营养土配制以及蔬菜的播种；能独立完成蔬菜的嫁接以及嫁接后的管理；能从事蔬菜相关的其他方面的工作。

　　素养目标　在完成任务的过程中，教师讲解了我国蔬菜新品种对世界蔬菜生产的贡献以及育苗新技术对一带一路农业生产的影响，了解了我国蔬菜生产对世界的贡献和影响，要主动培养担当精神，做新时代好青年。

【背景知识】

　　育苗是蔬菜栽培的主要特色之一。蔬菜育苗的优点是能培育壮苗、节约用种、争取农时，提高土地利用率。栽培的茄果类、瓜类、叶菜类和部分葱蒜类、水生蔬菜、豆类蔬菜等常采用育苗法。

活动一　蔬菜播种育苗

1. 活动目标 >>

了解常见营养土配方和配制方法；掌握蔬菜播种育苗流程。

2. 活动准备 >>

甘蓝类、茄果类或其他蔬菜种子；阳畦或温室、苗床等育苗设施。

3. 相关知识 >>

1）营养土的配制

营养土是按一定比例配成的适合幼苗生长的土壤，是供给幼苗生长发育所需要的水分、营养和空气的基础，秧苗生长发育好坏与床土质量密切相关，配制营养土的主要原料包括有机肥和菜园田土两类。比较理想的有机肥原料为草炭、马粪等，也可用有机肥含量较高、充分腐熟的其他厩肥、堆肥等。用于床土的有机肥在配制前必须充分腐熟。

营养土的具体配方依蔬菜种类和育苗时期不同而不同，一般播种床要求肥力较高、土质疏松，因而有机肥的比例较高，有机肥和菜园田土按（6～7）：（3～4）比例配制；

分苗床要求土壤具有一定的黏结性，以免定植时散坨伤根，其有机肥、菜园田土比例为（3 ~ 5）：（5 ~ 7）。通常，每立方米床土可加入尿素 0.25 kg、过磷酸钙 2 ~ 2.5 kg，加入后混匀过筛。下面介绍几种配方，供选用。

（1）播种床土配方（按体积计算）。配方①：2/3 田土、1/3 马粪；配方②：1/3 田土、1/3 细炉渣、1/3 马粪；配方③：40% 田土、20% 河泥、30% 腐熟圈粪、10% 草木灰。

（2）分苗床土配方（按体积计算）。配方①：2/3 田土、1/3 马粪（通用）；配方②：1/3 田土、1/3 马粪、1/3 稻壳（黄瓜、辣椒）；配方③：2/3 田土、1/3 稻壳（番茄）；配方④：腐熟草炭和肥沃田土各 1/2（结球甘蓝）。

2）床土消毒

常用的消毒方法有药剂消毒和物理消毒。药剂消毒常用福尔马林、井冈霉素、溴甲烷等。用 0.5% 福尔马林喷洒床土，喷后拌匀密封堆置 5 ~ 7 d，然后揭开薄膜待药味挥发后使用，可防治猝倒病和菌核病；用井冈霉素溶液（5% 井冈霉素 12 mL，加水 50 kg），在播种前浇底水后喷在床面上，对苗期病害有一定防效。物理方法有蒸汽消毒、太阳能消毒等。欧美等国家和地区常用蒸汽进行床土消毒，对防治猝倒病、立枯病、菌核病等都有良好的效果。

3）播种前的种子处理

播种前的种子处理以种子药剂消毒、浸种和催芽最为普遍，为提高幼苗的抗寒力，变温处理也是一种值得推广应用的方法。

蔬菜播种前的种子处理

种子药剂消毒。凡种子带有传染性病原物的，在播种前均应进行药剂处理。目前，药剂处理种子常用的方法是药粉拌种和药液浸种。

药粉拌种。常用五氯硝基苯、克菌丹、多菌灵等杀菌剂和敌百虫等杀虫剂拌种消毒，用药量为种子质量的 0.2% ~ 0.3%。方法简易，最好是干拌，即药剂和种子都是干的，种子沾药均匀，不易产生药害。

药液浸种。必须严格掌握药液浓度和浸种时间，否则易产生药害。药液浸种前，先用清水浸种 3 ~ 4 h，然后浸入药液中，按规定时间捞出种子，再用清水反复冲洗至无药味为止。福尔马林（40% 甲醛）100 倍水溶液浸种 10 ~ 15 min（防止番茄早疫病、茄子褐纹病、黄瓜炭疽病、枯萎病等）；或用 1% 硫酸铜水溶液浸种 5 min（防止辣椒、甜椒炭疽病和细菌性斑点病）；10% 磷酸三钠或 2% 氢氧化钠水溶液浸种 20 min（钝化番茄花叶病毒）。

温汤浸种。将种子浸入 55 ℃温水中，边浸边搅动，并随时补充温水，保持 55 ℃水温，10 ~ 15 min 之后，再倒入少许冷水使水温下降（或处理完毕倒出热水，用温水调节水温）；耐寒性蔬菜降至 20 ℃左右，喜温蔬菜降至 20 ~ 30 ℃，进行浸种。温汤消毒时，温度高低和处理时间长短，必须准确掌握，在所要求范围内保证恒温是关键，否则达不到杀菌作用。

催芽浸种。在温汤浸种消毒处理种子后，用20～30℃温水进行浸种，时间依不同蔬菜而异，催芽过程主要是满足种子萌发所需要的温度、湿度和通气条件。生产中多采用多层潮湿的纱布、毛巾等包裹种子，催芽期间经常检查和翻动种子，并用清水冲洗。对催芽温度的掌握，初期可以温度较高，有利于萌动，胚根突破种皮后降温3～5℃，使胚根生长粗壮。待大部分种子（60%～70%）露白时，停止催芽，即可播种。

胚芽锻炼。在种子露白时，给予1～2 d以上0℃以下低温处理称为"胚芽锻炼"，也叫"变温锻炼"。其方法是把刚露白的种子连同布包或容器先放在−1～5℃的环境下12～18 h（耐寒蔬菜的温度取低限，喜温蔬菜取高限），再放到18～22℃下12～16 h，反复1～10 d。胚芽锻炼能提高种子的抗寒能力，加快发育速度，有明显的早熟高产效果。实验证明，黄瓜变温锻炼1～4 d，茄果类、喜凉蔬菜以1～10 d较宜。

4）播种技术

苗床播种的主要技术环节按做床、浇底水、播种和盖土，以及覆盖塑料薄膜的顺序进行。播种方法常用撒播和点播两种。

蔬菜播种技术

做床。目前苗床播种一般以低床居多。其做法：在温室内做苗床，床面宽1～1.5 m，装入床土，充分暴晒、搂平后，稍振压。为提高地温，也可做成高床。用纸筒、营养钵等点播时，把装好床土的筒、钵摆在苗床上。

浇底水。播种前在育苗床内先灌水，灌水量要求床土8～10 cm的土层含水量达到饱和。灌水量少，易"吊干芽子"。浇底水后，在床面上撒一层床土或药土。

播种和盖土。茄子、番茄、辣椒、甘蓝、花椰菜、白菜、洋葱等小粒种子，多采用撒播；瓜类常采用点播。无论采用哪种方式播种，均匀是共同的要求。撒播时通常向种子中掺些细沙或细土，使种子松散。播种后立即覆土，目的是保护种子幼芽，使其周围有充足的水分、空气和适宜的温度，并有助于脱壳出苗。盖土厚度为种子厚度的3～5倍，即1～1.5 cm不等。若盖药土，宜先撒药土，后盖床土。

覆盖塑料薄膜。盖土后应当立即用地膜覆盖床面，保温保湿，当膜下滴水多时，取下薄膜抖掉水滴后再覆盖，直至拱土时撤掉薄膜。

5）苗期管理

出苗期。出苗期为从播种到幼苗出土直立为止的时期。此期主要工作是增温保墒，为幼苗出土创造温暖湿润的良好条件，因此播种后应立即用地膜或无纺布覆盖床面。喜温蔬菜苗床温度控制在25～30℃，喜凉蔬菜苗床温度控制在20～25℃。冬季育苗可通过铺设电热温床、加盖小拱棚来提高温度。当

蔬菜苗期管理

幼苗大部分出土时，要撤掉覆盖物，并撒一层细潮土或草木灰来减少水分蒸发，防止病害发生。

幼苗期。白天温度控制在 22～25℃，夜间温度控制在 12～15℃，保持 10℃左右的昼夜温差，即所谓的"大温差育苗"。要特别注意控制夜温，夜温过高呼吸消耗大，幼苗细弱徒长。可根据天气调节温度，晴天光合作用强，温度可高些；阴天为减少呼吸消耗，温度可低些。地温高低对秧苗作用大于气温。严寒冬季，只要地温适宜，即使气温偏低秧苗也能正常生长。成苗期适宜地温为 15～18℃。定植前 7～10 d，逐渐加大通风降低苗床温度，对幼苗进行低温锻炼，使之能迅速适应定植后的生长环境。

水分管理。成苗期秧苗根系发达，生长量大，必须有充足的水分供应，才能促进幼苗生长发育。水分管理应注意增大水量，减少浇水次数，使土壤见干见湿。浇水时间宜选择晴天的上午进行，冬季保证浇水后有 2～3 d 连续晴天。否则，温度低、湿度大，幼苗易发病。

光照管理。可通过倒坨把小苗调至温光条件较好的中间部位。长大后将营养钵分散摆放，扩大受光面积，防止相互遮阳。每次倒坨后必然损伤部分须根，故应浇水防萎蔫。冬季弱光季节育苗可在苗床北部张挂反光幕来增加光照。

4. 操作规程和质量要求

根据所学知识到指定地点进行指定种类蔬菜播种育苗操作，具体如表 2-1 所示。

表 2-1　蔬菜播种育苗操作

工作环节	操作规程	质量要求
育苗场地的准备	1. 在生产基地进行蔬菜育苗； 2. 阳畦最好为南北走向，长宽尺寸可灵活调整	方案设计完整、正确、实验用品和材料准备齐全
营养土的配制与苗床平整	1. 根据材料种类和蔬菜种类确定营养土配方； 2. 按照要求进行培养土配置和苗床平整	操作规范
灌水与播种覆土	按照教师要求规范操作	灌水量符合要求，播种深度符合要求

5. 问题处理

（1）分析讨论夏秋育苗与冬春育苗的异同点。

（2）记录播种育苗操作规程及其各个环节的技术要领，写出实践报告。

活动二　蔬菜嫁接育苗

1. 活动目标

了解蔬菜嫁接的意义；掌握蔬菜嫁接的方法，并能实践操作蔬菜靠接法和插接法。

2. 活动准备

待嫁接的黄瓜接穗苗（①用于"靠接"2片子叶展平，第一片真叶出现；②用于"插接"2片子叶展平，1片真叶冒出至展平前）、黑籽南瓜（或其他南瓜）砧木苗（①用于"靠接"2片子叶完全展平；②用于"插接"第一片真叶展开，2 ~ 2.5 cm大小）、刀片、竹签、嫁接夹（或塑料条和曲别针）、洁净的工作台以及脸盆、毛巾、干湿温度表、塑料营养钵或苗床及营养土、小拱棚架材、棚膜和遮阳用的纸被或遮阳网等。

3. 相关知识

1）砧木的选择

首先，良好的砧木必须与接穗有较好的嫁接亲和力；其次，根据不同的嫁接目的选择砧木，如选用黑籽南瓜作为黄瓜的砧木，除增强黄瓜对枯萎病的抗性外，还可增强对低温的适应能力。目前，蔬菜嫁接常用的砧木种类及特点如表2-2所示。

以南瓜为砧木的
黄瓜嫁接技术

表 2-2　蔬菜嫁接常用的砧木种类及特点

蔬菜	砧木种类	主要特点	适宜栽培类型
黄瓜	黑籽南瓜	抗枯萎病，根系发达，耐低温、耐高温	冬春保护地栽培
	南砧 1 号	抗病、丰产	冬春保护地栽培
	土佐系南瓜	耐高温	春夏栽培
西瓜	瓠瓜	抗枯萎病、根结线虫、黄守瓜虫	早春栽培
	南瓜	高抗枯萎病	早熟栽培
	冬瓜	中抗枯萎病	露地夏季栽培
	共砧	抗病性不太强、长势中等	早春保护地栽培
番茄	兴津 101	抗枯萎病、青枯病	保护地或露地栽培
	Ls-89	抗枯萎病、青枯病	保护地或露地栽培
	影武者	抗 Mi、TMV、根腐病	保护地或露地栽培
茄子	赤茄	抗枯萎病，中抗黄萎病，耐寒、抗热	多种类型栽培
	托鲁巴姆	高抗黄萎病、枯萎病、青枯病、线虫病，耐高温、耐干旱、耐湿	多种类型栽培
	CRP	高抗黄萎病、枯萎病、青枯病、线虫病，耐高温、耐干旱、耐湿、耐涝	多种类型栽培

2）嫁接的方法

靠接法如图 2-1 所示。该方法适用于黄瓜、甜瓜、西瓜、西葫芦、苦瓜等蔬菜，尤其适用于胚轴较细的砧木嫁接。嫁接适期：砧木子叶全展，第一片真叶显露；接穗第一片真叶始露至半展。嫁接过早，幼苗太小操作不方便；嫁接过晚，成活率低。砧木和接穗下胚轴长 5～6 cm 有利于操作。

通常，黄瓜较南瓜早播 2～3 d，黄瓜播种后 10～12 d 嫁接；西瓜比瓠瓜早播 3～7 d，比新土佐南瓜早播 5～6 d，前者出土后播种后者；甜瓜比南瓜早播 5～7 d，若采用甜瓜共砧需同时播种。幼苗生长过程中保持较高的苗床温湿度有利于下胚轴伸长。

嫁接时，分别将接穗与砧木带根取出，注意保湿。先用刀片削去砧木上的生长点和真叶，在其子叶下 0.5～1.0 cm 处呈 20°～30° 自上而下用刀片斜切 1 刀，深度达胚轴直径的 1/2，切口长 0.6～0.8 cm；再用刀片在接穗子叶以下 1～1.5 cm 的胚轴处呈 15°～20° 自下而上斜切 1 刀，深度达胚轴直径的 3/5～2/3，切口长为 0.6～0.8 cm。最后将接穗与砧木的切口相互套插在一起并加以固定，栽于容器或苗床中，保持二者根茎距离 1～2 cm，以利于成活后断茎去根。

插接法如图 2-2 所示。该方法适用于西瓜、黄瓜、甜瓜等蔬菜的嫁接，尤其适用于胚轴较粗的砧木种类。嫁接适期：接穗子叶全展，砧木子叶展平、第一片真叶显露至初展。

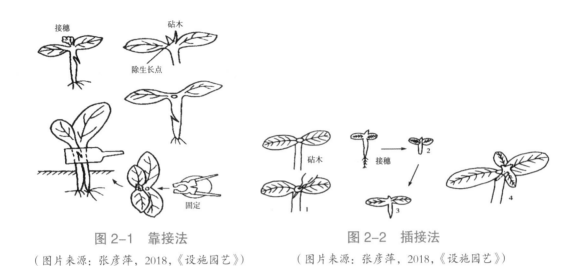

图 2-1　靠接法　　　　　　　　　　　图 2-2　插接法
（图片来源：张彦萍，2018，《设施园艺》）　　（图片来源：张彦萍，2018，《设施园艺》）

通常，南瓜比黄瓜早播 2 ~ 5 d，黄瓜播种后 7 ~ 8 d 嫁接；瓠瓜比西瓜早播 5 ~ 10 d，即瓠瓜出苗后播种西瓜；南瓜比西瓜早播 2 ~ 5 d，西瓜播种后 7 ~ 8 d 嫁接；共砧同时播种。育苗过程中根据砧穗生长状况调节苗床温湿度，促使幼茎粗壮，砧、穗同时达到嫁接适期。砧木胚轴过细时可提前 2 ~ 3 d 除生长点，促其增粗。

嫁接时除去砧木的生长点，用宽度不超过砧木胚轴直径的带尖扁竹签，从砧木心叶处向下插入 0.5 cm 左右，勿使胚轴裂开。将接穗从子叶下 1 cm 的胚轴处切断，并从两侧斜切成楔形，将竹签从砧木中拨出后立即将接穗插入，外皮层相互对齐。用塑料条轻轻扎牢，使接穗与砧木子叶紧密交叉呈十字形。

插接法操作方便，接穗不受苗龄限制。但对嫁接操作熟练程度、嫁接苗龄、成活期管理水平要求严格，技术不熟练时嫁接成活率低，后期生长不良。

劈接法如图 2-3 所示。该方法主要用在茄子和番茄上。嫁接适期：砧木具 5 ~ 6 片真叶，接穗具 3 ~ 5 片真叶。茄子砧木提前 7 ~ 15 d 播种，托鲁巴姆砧木需提前 25 ~ 35 d 播种；番茄砧木提前 5 ~ 7 d 播种。

嫁接时，保留砧木基部第 1 ~ 2 片真叶（茄子保留 2 片真叶，番茄保留 1 片真叶），切除上部茎，用刀片将茎从中间劈开，劈口长为 1 ~ 1.5 cm；接穗于第二片真叶处切断，并将基部削成楔形，切口长度与砧木切缝深度相同；将削好的接穗插入砧木的切口中，使二者密接，并加以固定。

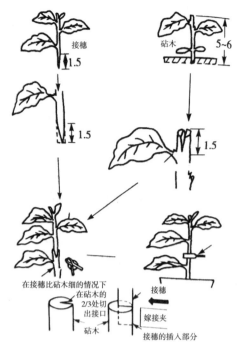

图 2-3 茄子劈接示意图（单位：cm）

（图片来源：张彦萍，2018，《设施园艺》）

劈接法砧木和接穗苗龄均较大，操作简便，容易掌握，嫁接成活率也较高。嫁接后须立即浇水，注意保温保湿，适当遮阳。在愈合过程中，应及时除去自砧木上长出的不定芽和从接穗切口处长出的不定根。

3）嫁接后的管理

嫁接后愈合期的管理是嫁接苗成活的关键，应加强保温、保湿和遮阳等管理。

（1）光照。

嫁接愈合过程中，前期应尽量避免阳光直射，以减少叶片蒸腾作用，防止幼苗失水萎蔫，但要注意让幼苗见散射光。嫁接后 2 ~ 3 d 内适当用遮阳网、草帘、苇帘或沾有泥土的废旧薄膜遮阳，光照度以 4 000 ~ 5 000 lx 为宜；3 d 后早晚不再遮阳，只在中午光照较强时临时遮阳；7 ~ 8d 后去除遮阳物，全日见光。

（2）温度。

一般嫁接后 4 ~ 5 d，苗床内应保持较高温度。完成黄瓜嫁接后提高地温到 22 ℃以上，白天气温为 25 ~ 30 ℃，夜间为 18 ~ 20 ℃，高于 30 ℃时适当遮光降温；西瓜和甜瓜地温在 25 ℃左右，白天气温为 25 ~ 30 ℃，夜间为 23 ℃；番茄白天气温为 23 ~ 28 ℃，夜间为 18 ~ 20 ℃；茄子白天气温为 25 ~ 26 ℃，夜间为 20 ~ 22 ℃。嫁接后 3 ~ 7 d，随通风量的增加温度降低 2 ~ 3 ℃。1 周后叶片恢复生长，说明接口已经愈合，开始进入正常温度管理。

（3）湿度。

嫁接后基质立即浇透水，随嫁接将幼苗放入已充分浇湿的小拱棚中，用薄膜覆盖保湿。前3 d空气相对湿度应保持在95%以上或接近饱和状态，每日上下午各喷雾1 ~ 2次，保持高湿状态，薄膜上以布满露滴为宜。4 ~ 6 d内以相对湿度降至85% ~ 90%为宜，一般只在中午前后喷雾。嫁接1周后转入正常管理。

嫁接8 ~ 9 d后接穗已明显生长时，可开始通风、降温、降湿；10 ~ 12 d除去固定物，进入苗床的正常管理。育苗期间，应随时抹去砧木侧芽，以利于接穗的正常生长。采用靠接等方法的嫁接苗成活后应及时断根，即在靠近接口部位下方将接穗胚轴或茎剪断，一般下午进行断根较好。

4. 操作规程和质量要求

根据所学知识到指定地点进行指定种类蔬菜嫁接育苗和嫁接后的管理操作，具体如表2-3所示。

表2-3　蔬菜嫁接育苗

工作环节	操作规程	质量要求
砧木和接穗的准备	1. 砧木和接穗的选择； 2. 砧木和接穗的育苗	方案设计完整、正确、实验用品和材料准备齐全
嫁接	1. 根据教师示范完成黄瓜的靠接； 2. 按照要求进行黄瓜的插接	操作规范
嫁接后的管理	按照规范进行嫁接苗管理	操作规范

5. 问题处理

（1）总结嫁接育苗操作规程及其技术要点，写出实践报告。

（2）两周后统计嫁接苗的成活率，并总结成败的原因。

（3）试分析各种嫁接法的优缺点。

任务二 花卉育苗技术

【任务描述】

鲜花作为"美丽产业",正走进千家万户。记者从农业部门了解到,近年来江苏省设施花卉发展迅速,规模已超 30 万亩(1 亩 =66.67 m²),位居全国第一。花卉租赁商小王发现了商业契机,刚好他自己有花棚,想自己种植一批鲜花迎合市场,但是他不知道该怎样进行花卉的繁殖管理。本任务要求帮助小王设计一个方案,并负责实施。

【任务管理】

知识目标 掌握花卉育苗相关知识;掌握花卉扦插常用基质及其特性;掌握花卉扦插法和分株法等育苗技术要点。

技能目标 能进行基质配制以及花卉扦插;能独立完成花卉扦插以及扦插后的管理;能从事花卉相关的其他方面工作。

素养目标 通过学习花卉育苗新技术,深刻体会科技创新是推动花卉产业快速发展的最重要推动力量,弘扬崇尚科学、勇于创新、一丝不苟和严谨治学的科学态度。

【背景知识】

适合园艺设施栽培的花卉种类比较多,其繁殖育苗的方法不尽相同。繁殖育苗方法主要有播种繁殖和营养繁殖两种。播种繁殖是指用种子进行繁殖;营养繁殖是指利用花卉的营养器官(根、茎、叶)进行繁殖,进而获得新植株的方法,通常包括分生、扦插、嫁接和压条等。

活动一　花卉扦插育苗

1. 活动目标

了解扦插的基本原理；学会硬枝扦插和绿枝扦插的基本操作；掌握提高扦插成活率的关键技术。

2. 活动准备

月季、扶桑、含笑、茉莉、一品红、八仙花、一串红、豆瓣绿、菊花和虎尾兰等，ABT生根粉、萘乙酸（NAA）、吲哚丁酸（IAA）、50%遮阳网、加温扦插苗床或全光弥雾设施、修枝剪、芽接刀等。

3. 相关知识

扦插育苗是将植物的叶、茎、根等部分剪下，插入可发根的基质中，使其生根成为新株。这种方法培育的植株比播种苗生长快，短时间内可以培育成大苗，尤其是一些不易开花的植物。对观花植物而言，可以提早开花；但扦插苗无主根，根系较播种苗弱。

1）扦插基质

用于扦插的基质很多，主要有土壤、沙、珍珠岩、蛭石以及水。水插是比较卫生又简便易行的方法，但应注意经常换水，保持水的洁净度，以凉开水为宜。适宜水插的花卉有变叶木、天南星科的万年青、龟背竹、绿萝、温室凤仙、秋海棠科的四季海棠、银星海棠、榕属科的橡皮树、榕树、豆瓣绿、富贵竹、冷水花、旱伞草、鸭跖草和铁线莲等。

2）扦插的种类及方法

根据选取营养器官的不同，可以分为叶插、茎插和根插三种。

叶插如图2-4所示。该方法主要以植物的叶为插穗，使之生根长叶，从而成为一个完整的植株。一般这些叶都具有粗壮的叶柄、叶脉或肥厚的叶片。所选择的必须是生长充实的叶。叶插有全叶插和片叶插两种。

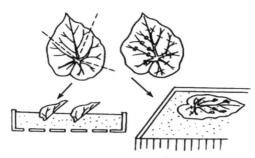

图 2-4　叶插

（图片来源：张彦萍，2018，《设施园艺》）

全叶插。全叶插以完整的叶片为插穗。可以将叶片平置在基质上。为保证叶片紧贴在基质上，可以用铁钉、竹签或基质固定叶片，如景天科的植物（落地生根等）、秋海棠科（秋海棠、蟆叶秋海棠等）。也可以将叶柄插于基质中，而叶片平铺或直立在基质上，这种方法适合能自叶柄基部产生不定芽的植物，如大岩桐、非洲紫罗兰、豆瓣绿等。

片叶插将一个叶片分切为数块，分别进行扦插，使每块叶片上形成不定芽。用此法进行繁殖的有大岩桐、豆瓣绿、千岁兰等。

茎插如图 2-5 所示。该方法以茎段为插穗进行扦插。根据扦插季节不同，茎插又可以分为嫩枝扦插、硬枝扦插。

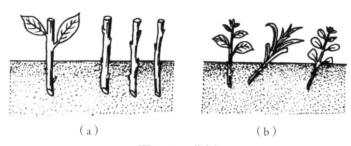

（a）　　　　　　　　　　　　（b）

图 2-5　茎插

（a）茎段插;（b）茎尖插

（图片来源：张彦萍，2018，《设施园艺》）

嫩枝扦插。嫩枝扦插在生长季节进行，插穗为未完全木质化的枝条，适合草本、针叶和阔叶花木植物。用锋利的刀切取 5 ~ 8 cm 茎尖嫩梢，下切口平切或斜切，去掉基部 1/3 以下叶片，以便茎尖插入基质。嫩枝扦插在花卉繁殖中应用较多。

硬枝扦插。硬枝扦插在休眠期或生长初末期进行，以完全木质化的枝条为插穗。取生长健壮的一年生枝条，剪成长 10 cm 左右、带 2 ~ 3 个芽的插穗，上剪口在芽上 0.5 cm 左右，下剪口在芽附近，插入基质深度为插穗长度的 1/3 ~ 1/2。这种繁殖方法常用于木本植物和多年生草本植物。

根插（见图 2-6）。利用根上能形成不定芽的能力扦插繁殖，用于根插易于生芽而茎插不易生根的花卉种类。用于扦插的根一般较粗壮，有些甚至略带肉质，如宿根福禄考、芍药等。一般在休眠期挖取粗 0.5 ～ 2.0 cm 的根，剪成长 5 ～ 10 m 的段，可平埋在基质中，待长出不定芽后，便可上盆或温室地栽。补血草、宿根霞草等可剪成 8 cm 的根段，垂直插入基质中，上端稍微露出，待生出不定芽即可分栽。

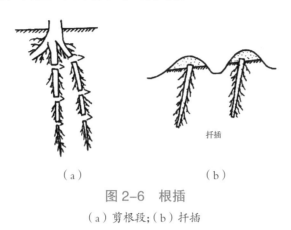

（a）　　　　　　　　（b）

图 2-6　根插

（a）剪根段；（b）扦插

（图片来源：张彦萍，2018，《设施园艺》）

3）影响扦插生根的环境因素

影响扦插生根的主要环境因素是温度、水分、光照和空气。

温度。花卉种类不同，扦插生根的适宜温度也不同。一般而言，草本花卉和嫩枝扦插的插床温度以 20 ～ 25℃为宜。原产热带、亚热带地区的植物，要求较高的温度；原产温带和寒带地区的植物，要求温度则较低。扦插季节不同，对温度的要求也不同。春季硬枝扦插，在较低的温度（10℃以上）条件下，插穗便可生根；夏季嫩枝扦插，则要求较高的温度（20 ～ 25℃）。实践证明，扦插基质的温度略高于气温（2 ～ 4℃），对插穗生根有利。

水分。当以茎、叶为插穗时，插穗没有根，不具备吸水器官，为了维持细胞的膨压和正常的新陈代谢，需保证正常的水分供应和尽量减少不必要的水分消耗。因此，保持空气相对湿度在 80% 以上，土壤含水量在最大田间持水量 60% 以上，对插穗生根非常重要。近年采用的间歇喷雾装置能够提高和保持插穗周围空气和扦插基质的湿度，对插穗扦插生根具有良好的促进作用。

光照。光是植物制造营养物质的能量来源，但在扦插生根前，不宜强光照射。因为它会使温度升高，湿度下降，对插穗生根不利，尤其对夏季嫩枝扦插影响更大（能充分供水，保持环境湿度的除外，如全光间歇喷雾扦插装置），所以，多用遮阳材料将光遮去 1/2 ～ 2/3，待插穗生根后，逐步恢复正常光照。

空气。插条在插床上进行呼吸，尤其在温度较高、愈伤组织和新根形成时，呼吸作用旺盛，消耗氧气较多。因此，要求扦插介质具备充足的氧气条件，即要求疏松透气性好。

实践表明，扦插基质中氧的浓度在 15% 以上时，对插穗生根有利。

4）促进扦插生根的方法

可以采取一些方法促使插穗尽早生根，激素处理是很常见的手段，常用的激素有吲哚丁酸、吲哚乙酸、萘乙酸（NAA）、ABT 生根粉等。植物种类不同，使用浓度就不同。通常硬枝扦插，使用浓度为 500 mg/L，浸泡 12 ~ 24 h；嫩枝扦插，使用浓度为 5 ~ 25 mg/L，浸泡 12 ~ 24 h 或使用浓度为 200 ~ 400 mg/L，速蘸 5 s。

另外，可以用一些化学物质如高锰酸钾、蔗糖等。高锰酸钾对多数木本植物效果较好，一般浓度为 0.1% ~ 1.0%，浸泡时间为 24 h。蔗糖对木本和草本植物均有效，一般浓度为 2% ~ 10%，浸泡时间为 24 h。

4. 操作规程和质量要求

（1）布置任务。教师布置指定种类花卉扦插和扦插后的管理任务（具体要求参考任务描述，各地根据实际条件调整），分小组协作完成，每小组 3 ~ 4 人。

（2）花卉扦插和扦插后的管理。学生按照教师演示完成花卉扦插和扦插后的管理操作。

（3）完成报告。学生按照任务实施流程及操作步骤，认真完成任务报告，具体如表 2-4 所示。

表 2-4　花卉扦插和扦插后的管理任务报告

学生姓名：		班级：		学号：	
扦插时期	扦插时期		地温		
插条准备	品种		插条采集地		
催根处理	催根药剂		药剂处理时长		
插床准备及基质配比	基肥量		畦/垄规格		
	插床基质类型		插床基质配比		
扦插	插条数量		扦插深度		
	扦插株行距		是否使用营养钵		
扦插后的管理	浇水频率		覆膜时间		
	是否遮阳		扦插成活率		

5. 问题处理

（1）如何提高花木扦插成活率？

（2）从植物解剖结构、营养水分运输和激素传导等方面分析扦插生根的原理。

活动二 花卉分生繁殖

1. 活动目标

熟悉不同花卉的分生繁殖方式，掌握分生操作的基本技术。

2. 活动准备

牡丹或芍药、文竹、宿根福禄考、观赏凤梨、芦荟、苏铁、百合、吊兰、吊竹梅、鸢尾、虎耳草、水仙、郁金香、小苍兰、美人蕉和大丽花等植物材料，剪刀、芽接刀、小铁铲，草木灰或硫磺粉等。

3. 相关知识

分生育苗是花卉无性繁殖的方法之一，它是指将植物体上长出的幼小的植物体分离出来，或将植物体营养器官的一部分与母株分离，另行栽植而形成独立植株的繁殖方法。新植株能保持母体的遗传性状。分生育苗方法简便、易成活、成苗较快，常应用于多年生草本花卉及某些木本花卉。依植株营养体的变异类型和来源不同分为分株繁殖和分球繁殖两种。

1）分株繁殖

分株繁殖是将植物带根的株丛分割成多株的繁殖方法，多在休眠期或结合换盆进行，操作方法简便可靠。新株因具有自己的根、茎、叶，分栽后成活率高、成苗快。该方法的缺点是繁殖系数低，适合易从基部产生丛生枝的花卉植物。分株繁殖多用于多年生宿根花卉，如兰花、芍药、菊花、萱草属、玉簪属等，以及木本花卉，如牡丹、木瓜、腊梅、紫荆和棕竹等的繁殖。

分株繁殖依萌发枝的来源不同可分为以下几类。

分根蘖。由根上不定芽产生萌生枝，如凤梨、红杉和刺槐等。凤梨也是用蘖枝繁殖，生产中常称为根蘖或根出条。

分短匍匐茎。短匍匐茎是侧枝或枝条的一种特殊变态，如竹类、天门冬属、吉祥草、沿阶草、麦冬、万年青和棕竹等常用短匍匐茎分株繁殖。

分根颈。由茎与根的交接处产生分枝。草本植物的根颈是植物每年生长新条的部分，如八仙花、荷兰菊、玉簪、紫萼和萱草等，其中以单子叶植物更为常见；木本植物的根颈产生于根与茎的过渡处，如樱桃、腊梅、木绣球、夹竹桃、紫荆、结香、棣棠和麻叶绣球等。此外，根颈分枝常有一段很短的匍匐茎，故有时很难与短匍匐茎区分。

分珠芽。这是某些植物所具有的特殊形式的芽，生于叶腋间或花序中，如百合科的某些品种、卷丹和观赏葱等。

2）分球繁殖

分球繁殖是指用具有储藏作用的地下变态器官（或特化器官）进行繁殖的一种方法。地下变态器官的种类很多，依变异来源和形状不同，可分为鳞茎、球茎、块茎、根茎和块根等。

鳞茎。鳞茎指一些花卉的地下茎短缩肥厚近乎球形，底部具有扁盘状的鳞茎盘，鳞叶着生于鳞茎盘上。鳞茎中储藏着丰富的有机物质和水分，其顶芽常抽生真叶和花序，鳞叶之间可发生腋芽，每年可从腋芽中形成一至数个子鳞茎并从老鳞茎旁分离，因此可以通过分栽子鳞茎来扩大系数，如百合、郁金香、风信子、水仙等。鳞茎、小鳞茎、鳞片都可作为繁殖材料，如郁金香、水仙和球根鸢尾常用长大的小鳞茎繁殖。

球茎。球茎为茎轴基部膨大的地下变态茎，短缩肥厚呈球形，为植物的储藏营养器官。球茎上有节、退化叶片和侧芽。老球茎萌发后在基部形成新球茎，新球茎旁再形成子球。新球茎、子球茎和老球茎都可作为繁殖体另行种植，也可带芽切割繁殖，如唐菖蒲、小苍兰、慈姑、番红花、大花酢浆草等。

块茎。块茎由茎变态肥大而成，呈球状或不规则的块状，实心，表面具有螺旋状排列的芽眼。一些块茎花卉的块茎能分生小块茎，可用于繁殖，如马蹄莲等；而另一些块茎花卉的块茎不能分生小块茎，多以播种方法繁殖，如仙客来、大岩桐等。

根茎。花卉的地下茎肥大，外形粗而长，与根相似，这样的地下茎叫根茎。根茎储藏着丰富的营养物质，它与地上茎相似，具有节、节间、退化的鳞叶、顶芽和腋芽，节上常产生不定根，并由此处发生侧芽且能分枝进而形成株丛，可将株丛分离形成独立的植株，如美人蕉、鸢尾、紫菀等。

其他还有块根繁殖，如大丽花，其地下变粗的组织是真正的根，没有节与节间，芽仅存在于根颈或茎端，繁殖时要带根颈部分繁殖。

4. 操作规程和质量要求

根据所学知识到指定地点进行指定种类花卉分株繁殖和分株后的管理操作，具体如表 2-5 所示。

表 2-5　花卉分株繁殖技术

工作环节	操作规程	质量要求
分株繁殖材料准备	1. 根据季节选择适合的植物材料； 2. 工具准备	方案设计完整、正确，实验用品和材料准备齐全
脱盆或从地里挖掘苗株	将欲分株的株丛整个挖出，尽可能多地保留根系	方法正确、不伤害根系
分株	借助剪刀或铁铲分割母株，使分出的每丛上至少有 2～3 个枝干（芽）	正确剪切分组；去掉老叶、黄叶；剪去老根、腐烂根系；大小分级
上盆或者定植	将枝干（芽）栽植在花盆或苗床中	步骤正确，基质填装合理；株行距合理、深度合理；根系是否埋在土里等
淋水、放置	新株移植后，应先放置阴凉处几天，同时需特别注意水分供给	淋水、遮阳处放置缓苗

5. 问题处理

（1）花谚云"春分分芍药，到老不开花"，有无科学依据？试从分生繁殖的原理和营养分配等角度进行分析。

（2）总结分生繁殖的操作技术要点，写出实践报告。

任务三 果树育苗技术

【任务描述】

某地果农从某科技公司购买了一批冬桃树苗和葡萄苗，第二年果农找到该科技公司称部分树苗已死亡，要求更换树苗。某林业大学四位林果学、病害学专家对双方争议的树苗栽种情况进行了实地考察，提出该公司提供的树苗质量存在严重问题，质量不合格是造成桃树苗死亡的原因。本任务要求精心设计一个果树种苗繁育技术方案，并负责实施。

【任务目标】

知识目标 掌握果树育苗相关知识；掌握影响果树嫁接的因素；掌握果树枝接和果树芽接等育苗技术要点。

技能目标 能独立完成果树的嫁接以及嫁接后的管理；能从事与果树相关的其他方面的管理工作。

素养目标 优质果树苗木是发展果树生产的基础，在完成任务的过程中，教师结合案例，融入诚信教育。因此，在做人做事时要讲原则、讲诚信，恪守社会公德，传承中华民族优良传统美德，践行社会主义核心价值观，为提高全社会的诚信水平贡献力量。

【背景知识】

果树在遗传性状上高度杂合，通过种子繁殖（有性繁殖）无法保持亲本的经济性状，因此，生产中主要采用营养繁殖（无性繁殖），即利用母株的营养器官繁殖新个体。通过营养繁殖不仅可以保持母株的品种特性，而且由于新个体来自性成熟植株的营养器官，所以，只要达到一定的营养面积即可开花结果。尤其是那些利用嫁接繁殖的果树，它们是由优良砧木和接穗构成的砧穗共生体，因此有可能综合了接穗和砧木的优点，使果树结果早、产量高、品质优，并增强其对环境的适应能力。

活动一　果树枝接

1. 活动目标

熟练操作果树切接、劈接、腹接等各种枝接方法；掌握枝接后的管理技术流程，要求枝接成活率达到 80% 以上。

2. 活动准备

根据当地情况准备嫁接的砧木苗，如山定子、海棠、毛桃等品种的接穗；嫁接刀、剪枝剪、塑料绑条（宽 2 cm 左右，长 30 cm 左右）、长方形浅筐、湿毛巾、粗细（浆）磨石等。

3. 相关知识

1）枝接时期

常用的腹接、劈接和切接方法的嫁接时期一般在春季树液活动以后到树体开花之前；如果接穗不萌发，嫁接时期可错后，但嫁接时期越早越好。

2）准备工作

准备、储藏接穗：在果树休眠期选择品种纯正、健壮的一年生枝条留作接穗，每 50 ～ 100 根捆扎 1 捆，系好标签，进行低温沙藏。

准备嫁接砧木：将生长健壮的 1 ～ 2 年生有关砧木留圃。

3）嫁接方法

切接如图 2-7 所示。切接是枝接中最常用的方法。该方法操作方便，容易掌握，成活率高，接后生长迅速。

削砧木。在离地 10 ～ 20 cm 处选一平滑处剪断砧木，在削面截口一侧稍带木质部向下纵切 1.5 ～ 2 cm，并切断 1/3 ～ 1/2 皮层。

削接穗。在芽下 0.5 cm 处削一长削面，以不带或稍带木质部为好，削面长 1.5 ～ 2.0 cm，然后在长削面的背面削 45°斜短削面，在芽上方 0.5 cm 处剪断取下接穗。

结合。将接穗长削面的形成层对齐砧木切口的形成层，然后用塑料薄膜带绑紧嫁接口，并密封包扎接穗。

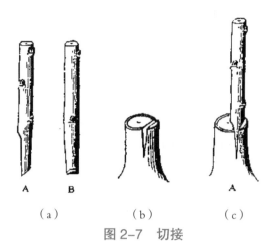

（a）　　　　（b）　　　　（c）

图 2-7　切接

（a）削接穗（A 为接穗侧面，B 为接穗背面）；（b）削砧木；（c）结合

（图片来源：吴仁山，2000，《荔枝栽培工作历》）

腹接如图 2-8 所示。此方法接穗削取与切接相似，但切伤面贯穿整个芽体。在砧木离地约 10cm 处选平滑处稍带木质部从上至下纵切一刀，切伤面与接穗芽长度相等或稍长。把接穗插入砧木的切口，两者形成层一边或两边对齐，用塑料薄膜带绑紧密封包扎。

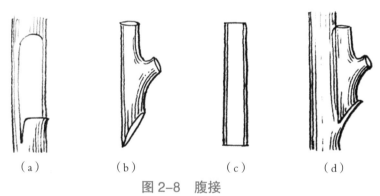

（a）　　　　（b）　　　　（c）　　　　（d）

图 2-8　腹接

（a）削砧木；（b）削接穗；（c）接穗切伤面；（d）结合

（图片来源：傅秀红，2005，《果树栽培》）

劈接如图 2-9 所示。砧木较粗时常用此方法。在嫁接部位剪平或锯断砧木，修平，在砧木的中心或 1/3 处纵劈刀，切口长约 3 cm；将选好的接穗于芽下两侧削成一个对称的楔形，削面长约 3 cm，撬开砧木切口，将接穗插入，两者形成层至少一侧对齐，砧木较粗时，可两边各插 1 根接穗。接穗插好后，立即包扎即可。

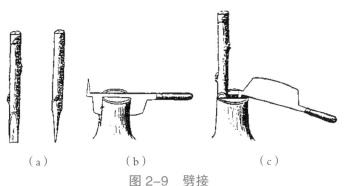

（a）　　　　　　（b）　　　　　　　　（c）

图 2-9　劈接

（a）削接穗；（b）削砧木；（c）插入接穗

（图片来源：蔡冬元，2001，《果树栽培》）

4）嫁接后的管理

嫁接后灌水，及时抹除砧木的萌蘖。嫁接 30～40 d 后，解除嫁接绑缚，以后需要注意及时中耕除草和防治病虫。

蔬菜嫁接后的管理

4. 操作规程和质量要求

根据所学知识到指定地点进行指定种类果树枝接和枝接后的管理操作，具体如表 2-6 所示。

表 2-6　果树枝接育苗技术

工作环节	操作规程	质量要求
砧木和接穗的准备	1. 砧木和接穗的选择； 2. 砧木和接穗的育苗	方案设计完整、正确、实验用品和材料准备齐全
嫁接	1. 根据教师示范完成海棠的劈接； 2. 按照要求进行桃树的切接和腹接	操作规范
嫁接后的管理	按照规范进行嫁接苗管理	操作规范

5. 问题处理

（1）课下练习切削有关枝接的接穗，每人提交 10 个腹接、切接和劈接的嫁接实物，经教师检查合格后方能到苗圃进行实地嫁接。

（2）统计本人嫁接株数及成活率，总结嫁接成活的关键环节，写出实践报告。

活动二 果树芽接

1. 活动目标

熟练操作果树 T 形芽接和嵌芽接的嫁接技术；掌握芽接成活的关键环节，要求嫁接成活率达到 90% 以上。

2. 活动准备

根据当地情况准备嫁接的砧木苗，如山定子、海棠、毛桃和君迁子等；嫁接刀、塑料绑条（宽 0.8 cm 左右，长 25 cm 左右）、长方形浅筐、湿毛巾和粗细（浆）磨石等。

3. 相关知识

芽接是以芽片作为接穗的嫁接方法。芽接法操作简单、速度快、节省繁殖材料；接口伤面小、易包扎、成活率高；不断砧，未成活时可补接，不浪费砧木，是较常用的嫁接方法。生产上应用最广泛的芽接方法有 T 形芽接、嵌芽接。

1) T 形芽接

T 形芽接也称丁字形芽接或盾形芽接（见图 2-10）。通常采用一年生小砧木，在皮层易剥离时进行。

（1）削砧木。在离地面 5 ~ 8 cm 处，选一光滑无分枝处横切一刀，深度以切断砧木皮层为宜；再在横切口中间向下纵切一刀，长约 1 cm，伤口呈 T 字形；然后用刀尖向左右拨成三角形伤口，注意伤口不宜挑得太宽。

（2）削接穗。接穗在芽的下方 1 cm 处向上斜切一刀，在芽上方约 0.5 cm 处横切一刀，使芽片成盾形。

（3）结合。将削好的芽片立即插入三角形伤口，使砧木和接芽的横刀口对齐，用嫁接膜包扎。

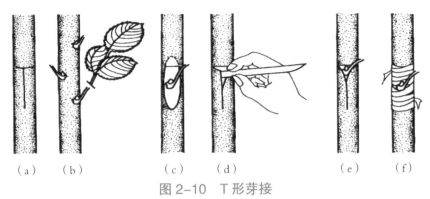

图 2-10　T 形芽接

（a）削砧木；（b）选接芽去叶片；（c）削接穗；（d）砧木剥皮；（e）置入芽片；（f）包扎

（图片来源：傅秀红，2007，《果树生产技术（南方本）》）

2）嵌芽接

嵌芽接又叫带木质部芽接（见图 2-11）。枝梢具有棱角或沟纹的树种，或者皮层难于剥离的砧木，可采用此方法进行嫁接。

削砧木。在选定的部位斜削一刀，深达木质部而不带木质部，伤口稍长于芽片。

削接穗。在芽上方 0.5 ~ 0.8 cm 处向下斜削一刀，削面长 1.5 ~ 2.0 cm，稍带木质部，然后在芽下 0.8 ~ 1.0 cm 处以 45°角斜切一刀，取下芽片。

结合。将芽片放入砧木切口内，注意对齐形成层，用嫁接膜包扎。

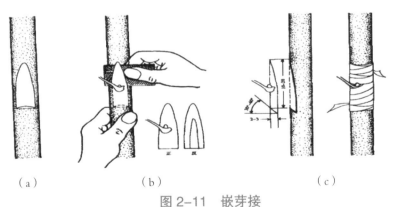

图 2-11　嵌芽接

（a）削砧木；（b）削接穗；（c）嫁接与包扎

（图片来源：马俊，2006，《果树生产技术》）

4. 操作规程和质量要求

根据所学知识到指定地点进行指定种类果树芽接和芽接后的管理操作，具体如表 2-7 所示。

表 2-7　果树芽接育苗

工作环节	操作规程	质量要求
砧木和接穗的准备	1. 砧木和接穗的选择; 2. 砧木和接穗的育苗	方案设计完整、正确、实验用品和材料准备齐全
嫁接	1. 根据教师示范完成桃树的 T 形芽接; 2. 按照要求进行海棠嵌芽接	操作规范
嫁接后的管理	按照规范进行嫁接苗管理	操作规范

5. 问题处理 ▶▶

（1）总结 T 形芽接和嵌芽接的技术要点，每人提交 10 个嫁接实物，经教师检查合格后方能到苗圃进行实地嫁接。

（2）统计本人嫁接株数及成活率，写出实践报告。

活动三　果树压条

1. 活动目标 ▶▶

了解压条的基本原理和刺激不定根产生的主要因素；熟练掌握果树压条的主要方法和操作技术要点；熟练掌握果树各种压条技术。

2. 活动准备 ▶▶

准备用于压条的植株，如葡萄、石榴和苹果矮化砧及丛状落叶果树；铁锹、修枝剪、手锯、塑料薄膜、竹筒、锯末和苔藓等。

3. 相关知识 ▶▶

压条是将枝条在不与母株分离的状态下包埋于生根介质中，待不定根产生后与母株分离而成为独立新植株的营养繁殖方法。通常用于扦插不易生根的树种和品种。压条主要有以下几种方法。

1）普通压条法

普通压条法适合枝、蔓柔软的植物或近地面处有较多易弯曲枝条的果树。首先，将母株近地 1～2 年生枝条去掉表皮，于下方刻伤；其次，将枝条压入坑中，用钩固定，培土压实；最后，待压住的枝干部分就会长出新根系。剪断没有被压住的枝条，另行栽植即可。普通压条法如图 2-12 所示。

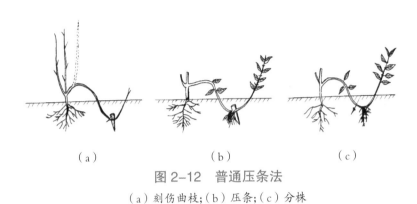

（a）　　　　　　（b）　　　　　　（c）

图 2-12　普通压条法

（a）刻伤曲枝；（b）压条；（c）分株

（图片来源：于泽源，2001，《果树栽培》）

2）水平压条法

水平压条法适合枝条较长且易生根的树种（如苹果矮化砧等），又称连续压、掘沟压。操作时沿枝条生长方向挖浅沟，按适当间隔刻伤枝条并水平固定于沟中，除去枝条上向下生长的芽后填土。待生根萌芽后在节间处逐一切断，每株苗附有一段母体。水平压条法如图 2-13 所示。

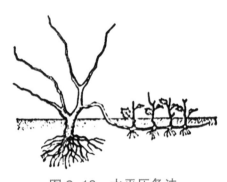

图 2-13　水平压条法

（图片来源：于泽源，2001，《果树栽培》）

3）波状压条法

波状压条法适合枝蔓特长的藤本植物（如葡萄等）。将枝蔓上下弯成波状，着地的部分埋压在土中，待其生根和萌芽部分突出地面并生长一定时间后，逐段切成新植株。波状压条法如图 2-14 所示。

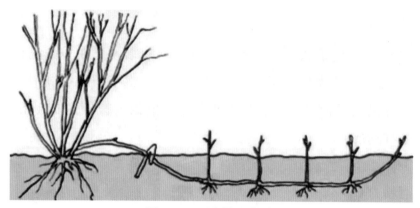

图 2-14 波状压条法

（图片来源：于泽源，2001，《果树栽培》）

4）堆土压条法

堆土压条法适合根颈部分蘖性强或呈丛状的树木（如苹果和梨的矮化砧、樱桃、李、石榴、无花果等）。在早春萌芽前将母株基部距离地面 15 ～ 20 cm 处剪断，促使其发生多数新梢。待新梢长到 20 cm 以上时将新梢基部环状剥皮或刻伤，并培土使其生根。培土高度约为新梢高度的 1/2。当新梢长到 40 cm 左右时，进行第二次培土。一般进行两次培土即可。秋季入冬前扒开培土，带生根后分切成新植株。堆土压条法如图 2-15 所示。

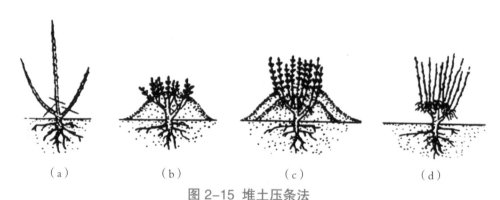

（a）　　　　　　（b）　　　　　　（c）　　　　　　（d）

图 2-15 堆土压条法

（a）短栽促萌；（b）第一次培土；（c）第二次培土；（d）去土可见到根系

（图片来源：于泽源，2001，《果树栽培》）

5）空中压条法

空中压条法由中国创造，又称中国压条法或高压法，适合高大或不易弯曲的植株，多用于名贵树种（如龙眼、荔枝、人心果等）。选 1 ～ 3 年生枝条，环状剥皮 2 ～ 4 cm，刮去形成层或纵刻成伤口，用塑料布、对开的竹筒、瓦罐等包合于割伤处，紧绑固定，内填苔藓或肥土，常浇水保湿，待生根后切离成新植株。空中压条法如图 2-16 所示。

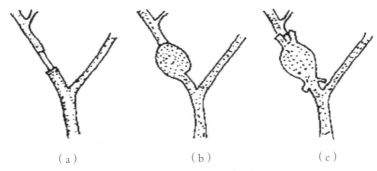

（a） （b） （c）

图 2-16 空中压条法

（a）枝条环状剥皮；（b）"基质"包扎；（c）塑料薄膜包裹

（图片来源：蔡冬元，2001，《果树栽培》）

4. 操作规程和质量要求

根据所学知识到指定地点进行指定种类果树压条和压条后的管理操作，具体如表 2-8 所示。

表 2-8 果树压条育苗

工作环节	操作规程	质量要求
材料的准备	1. 母株的选择； 2. 压条方式选择	方案设计完整、正确、实验用品和材料准备齐全
压条	1. 根据试材进行材料环状剥皮； 2. 应用生长调节剂处理伤口； 3. 薄膜包扎，填充生根基质	操作规范
压条后的管理	定时坚持观察薄膜内水分变化，并及时补水（针管注射）	操作规范

5. 问题处理

（1）果树压条时为什么要进行环状剥皮？其方法要点是什么？

（2）总结果树枝接和芽接等技术环节，写出实践报告。

项目拓展

果树种苗组织培养技术 （二维码3）

二维码3

拓展园地

全国脱贫攻坚楷模赵亚夫：科技兴农干到老　　（二维码4）

二维码4

巩固练习

1. 浸种催芽有哪几种方法？

2. 怎样对营养土进行消毒处理？

3. 育苗常用的育苗床有哪几种？各育苗床的主要优点和缺点有哪些？

4. 黄瓜嫁接的适宜砧木有哪些？各有什么特点？

5. 播种前应对蔬菜种子做哪些处理？

6. 蔬菜种子消毒的常用方法有哪些？

7. 如何计算播种量？

8. 花卉分生繁殖主要有哪些方法，一般在哪些时间进行？请举例说明。

9. 花卉扦插繁殖的技术要点是什么？

10. 选择嫁接砧木时需要考虑哪些方面？

11. 简述靠接法嫁接育苗的操作过程。

12. 如何进行嫁接后的管理？

项目三

设施蔬菜
生产技术

[3]

🔍 项目背景

　　设施蔬菜栽培在农业生产中占有重要地位，其中茄果类、瓜类、叶菜类以及豆类蔬菜在人们的饮食结构中占有很大的比例。本项目主要介绍设施蔬菜的主要生产模式与茬口安排类型，番茄、茄子、黄瓜、西瓜、菜豆等的形态特征，各类蔬菜在生长发育过程中对环境条件的要求，设施栽培的技术要点以及各类蔬菜常见病虫害的综合防治技术等。

🔍 项目目标

　　了解设施蔬菜茬口安排的主要原则以及季节茬口的主要类型；了解茄果类、瓜类、叶菜类、豆类蔬菜的形态特征；掌握各类设施蔬菜生产管理的技术要点；熟悉不同种类的蔬菜对环境条件的要求；掌握茄果类、瓜类、叶菜类、豆类蔬菜的病虫害综合防治技术；能够对设施内的茄果类、瓜类、叶菜类、豆类蔬菜等进行科学管理。

任务一　设施蔬菜生产模式与茬口安排

【任务描述】

　　江苏省南京市某区瓜果蔬菜专业合作社地处南京郊区，交通便利。合作社与区内电商服务中心合作，主要经营绿色蔬菜、经济林果、瓜类等农作物，产品销往全国各地。随着经营规模的不断扩大，合作社今年向当地政府申请新增500亩土地用于种植叶菜类以及瓜类蔬菜，现尚未制订具体的设施蔬菜茬口安排方案。本任务要求结合该地区的气候特点，科学合理地安排设施蔬菜茬口，以期大幅提高合作社的经济效益。

【任务目标】

知识目标　了解设施蔬菜生产的主要模式；掌握设施蔬菜栽培季节确定的方法；掌握设施蔬菜茬口安排的主要类型。

技能目标　能够根据蔬菜行业和市场需要，选择适宜的蔬菜种类进行设施栽培；能够结合气候条件和生产设备的配置条件，进行设施蔬菜茬口方案的设计。

素养目标　在任务完成过程中，通过与同学合作完成设施蔬菜茬口方案的设计，培养严谨踏实、合作共赢的工作态度，增强农业生产可持续发展意识和绿色农业观念。

【背景知识】

设施蔬菜生产是露地蔬菜的补充，设施蔬菜生产比露地栽培成本更高，栽培技术更加规范，多数采用集约化生产经营的形式。因此，设施蔬菜生产要以效益最大化为原则来设计栽培方案。在确定每种蔬菜的栽培季节时，尽可能保证其整个生育期都处于一个适宜的温度季节里，同时保证产品收获期处于露地蔬菜供应淡季，以期获得较高的利润。

确定设施蔬菜栽培季节的原则主要包括两个方面。一是根据设施类型确定蔬菜的栽培季节。不同的设施类型其温湿度条件、光照条件等都存在很大差异，如日光温室由于温度条件较好，蔬菜栽培的种类和季节的选择范围较大，可根据供需结构进行灵活调整，实现周年生产；而普通的塑料拱棚、风障畦、阳畦等由于温度条件在不同季节的波动性较大，因此这类栽培设施的蔬菜生产期一般较露地生产提早或延后 15～20d。二是根据供求现状确定栽培季节。为获得较高的经济效益，设施蔬菜的产品成熟期应处于露地蔬菜的供应淡季或者是元旦、国庆等节日期间。

活动　设施蔬菜栽培与茬口安排

1. 活动目标

掌握设施蔬菜栽培茬口安排的原则；了解设施蔬菜季节茬口安排的类型。

2. 活动准备

将班级学生分为若干组，每组配备调查手册、插地牌和计算机等。

3. 相关知识

设施蔬菜茬口安排是指在同一地块上，不同年份和季节的蔬菜栽培的种类以及前后茬栽培作物的搭配形式。茬口安排与品种选择是设施蔬菜生产的重要一环，茬口安排一般包括轮作、连作、多次作、重复作、间作、混作、套作和闲置茬等。此外，在设计设施蔬菜栽培方案时，要结合当前的市场消费需求，合理安排蔬菜的茬口类型，选择消费者认可的品种进行生产，在蔬菜的供应淡季上市，这样可以获得较高的收益。

1）设施蔬菜茬口安排的原则

产量最大化。充分利用当地的自然环境，结合设施内的设备条件，以本地栽培茬口为主，培育高产、优质蔬菜，获得早产丰产。

实现蔬菜的周年供应。设施蔬菜由于栽培条件较好，茬口安排也更加灵活，为保证蔬菜的周年均衡供应，可交叉安排同类蔬菜的栽植期，避免上市期出现产品拥堵现象。根据蔬菜的生长习性统筹安排全年种植任务，通过合理安排不同蔬菜种类的间作、套作，尽量缩短空闲时间，避免出现空闲地块。

减少病虫害的发生。同一地块不能连续多年种植同科作物，因此，在安排蔬菜茬口时，应根据蔬菜的生长发育特性，对不同种类的蔬菜进行合理轮作，避免病原物的逐代积累。

维持土壤养分的均衡。同一地块长期种植叶菜类蔬菜会导致土壤缺失氮肥，降低其产量和品质，而连续种植马铃薯则会导致土壤酸化，最终使土壤酸碱平衡失调。因此，在进行茬口安排时应把具有互补特性的蔬菜进行换茬种植，如马铃薯收获后，换茬种植玉米则可以降低土壤的酸度，达到调节土壤酸碱平衡的目的。

2）设施蔬菜季节茬口安排的类型

冬春茬。一般在秋末进行播种，在冬季开始采收上市，第二年春天结束生产。冬春茬作为温室、塑料大棚等设施蔬菜栽培的主要茬口，以生长期较长的茄果类、瓜类蔬菜居多。

春茬。一般在冬春之交进行播种定植，3—4月开始收获，春末夏初时采收完毕。春茬蔬菜栽培是普通温室以及塑料大棚等设施栽培的主要茬口类型，蔬菜栽培的种类以果菜类和叶菜类为主。此外，相较于塑料大棚，温室蔬菜的生产期会提早 15 ~ 20 d。

夏秋茬。一般 3—4 月开始播种定植，夏末秋初时采收上市，冬季来临前结束生产。夏秋茬蔬菜利用温室或塑料大棚进行栽培，避免了炎夏季节可能产生的高温危害，蔬菜栽培的种类以不耐热的果菜类和叶菜类为主。

秋茬。一般秋初时进行播种定植，8—9月份开始采收上市，可供应到11—12月。南方地区秋茬蔬菜的生产主要依赖于塑料大棚，栽培类型以果菜类为主，蔬菜的生长期较短、产量不高、供应期持续2～3个月，有效补充了冬菜上市前的空窗期。

秋冬茬。一般于8—9月进行播种定植，冬初开始收获，一直到第二年的2月采收结束。秋冬茬是温室蔬菜栽培的一种重要茬口，多用于北方冬春季节的蔬菜生产。这一茬口主要栽培果菜类蔬菜。秋初季节的温度较高，容易导致蔬菜幼苗发生徒长，生长后期温度骤降，光照减弱，容易导致蔬菜的抗性减弱发生早衰，故该茬蔬菜对设施栽培技术要求较高。

4. 操作规程和质量要求

对温室、塑料大棚内各类蔬菜的播种期、定植期以及采收期等进行调查，并将调查结果填入表3-1。

表3-1　设施蔬菜栽培情况统计表

学生姓名：		调查日期：		调查地点：	
蔬菜种类	栽培方式	育苗方式	播种期	定植期	采收期

5. 问题处理

根据以上调查结果，总结影响设施蔬菜茬口确定的主要因素，考虑选择哪些栽培方案可以实现蔬菜的周年均衡供应。

【任务描述】

瓜类蔬菜作为一种经济效益比较高的农业种植作物，它的推广种植在提高农户收入、引导农户致富上有很大的促进作用。但瓜类蔬菜多为喜温和耐热性蔬菜，只有借助设施栽培才能实现全年生产与供应，其中黄瓜、西瓜等是主要的设施栽培类型。现某市某生态农业有限公司决定投资50万元建设一批温室及塑料大棚进行瓜类蔬菜的设施栽培。本任务要求精心设计1~2个设施瓜类蔬菜栽培方案，并负责实施。

【任务目标】

知识目标 了解瓜类蔬菜的形态特征、生长发育规律、常见的病虫害类型及其防治技术；掌握设施内瓜类蔬菜的生产管理要点。

技能目标 能够根据市场需求，选择瓜类蔬菜的优良品种进行栽培；能够熟练进行瓜类蔬菜的播种、定苗、肥水管理和病虫害防治等基本操作。

素养目标 能够将所学知识运用于瓜类蔬菜的实际生产过程，树立服务"三农"意识。

【背景知识】

瓜类蔬菜起源于热带和亚热带地区，含水量较高，以西瓜为例，其含水量能达到90%以上，而冬瓜的含水量则高达96%。此外，黄瓜、金瓜、丝瓜、佛手瓜、南瓜和苦瓜等蔬菜的含水量也能达到90%以上。瓜类蔬菜多为一年生草本植物，它们在形态特征和生长发育习性方面都存在很多相同点，因此在生产管理技术上也有很多的相似性，具体来说主要包括以下几个方面。

根系发达。除黄瓜外，瓜类蔬菜多具有发达的根系，直根系且侧根发达，但根系木栓化较早。因此断根后不易恢复，再生能力弱，适于直播育苗或穴盘育苗。

蔓性强。瓜类蔬菜的茎中空，其上具有刚毛或棱角，节上生有卷须，为攀缘生长的蔓性植物。因此，生产中一般利用整枝、压蔓和搭架等田间管理技术来提高瓜果的产量和品质。

异花授粉植物。瓜类蔬菜的花多表现为雌雄同株异花，属于虫媒花。花多为黄色，可通过人为调控影响其性型分化，且多数需要进行人工授粉才能保证结果。

多为喜温、耐热蔬菜。瓜类蔬菜的生长适宜温度在20～35℃，10℃以下生长停止，5℃以下开始受冷害，0℃以下易受冻害。瓜类蔬菜大多对环境温度的变化反应敏感，生长期间常需要有充足的光照。

果实的耐储性较低。瓜类蔬菜多以含水量较高的果实作为主要产品器官，采收过晚其使用价值就会大打折扣，因此需要及时采收。

活动一　黄瓜的生物学特性认知与设施栽培

1. 活动目标 ≫

掌握黄瓜设施栽培的主要方法。

黄瓜设施栽培管理技术

2. 活动准备 ≫

将班级学生分为若干组，每组配备黄瓜的种子和植株、铁锹、铁丝、竹竿和尼龙绳等。

3. 相关知识 ≫

黄瓜属于葫芦科甜瓜属，为一年生攀缘性草本植物，是我国保护地蔬菜栽培的主要瓜类作物之一，在塑料拱棚、日光温室内均有种植，目前设施栽培技术已较为成熟。

1）生物学特性

（1）形态特征。

黄瓜的根系不发达，主根和侧根集中分布在近地面30 cm的表层土中，根系木栓化较早，需进行直播育苗或营养钵护根育苗。此外，根系的吸水和吸肥能力较弱，对土壤肥力要求较高，且植株抗性较差，因此应尽量保持栽培土壤的水肥供应充足。

黄瓜的茎中空，呈四棱或五棱形，蔓性生长。苗期进行直立生长，长出5～6片真叶后开始伸长生长。

黄瓜子叶为椭圆形，对生（见图3-1）；真叶大而薄、掌状浅裂、单叶互生，正背面均有毛刺，子叶面积大，蒸腾作用较大，植株缺水时会立即发生萎蔫，因此对土壤水分和空气湿度的要求较高。黄瓜大多为雌雄同株异花，一般雄花早于雌花开放。黄瓜花属于虫媒花，可在早晨进行人工辅助授粉。黄瓜花的性型分化受温度和光周期的影响，一般低温短日照有利于其雌花分化，反之则有利于雄花分化。黄瓜的花如图3-2所示。

黄瓜果实为瓠果，呈棒状，嫩果为淡绿色至深绿色，果面平滑或有棱及突起瘤刺（见图3-3）。黄瓜种子为扁平披针形，黄白色，干粒质量为35 g左右。种子寿命可达4～5年，1～2年的新种子活力较高。

图 3-1 黄瓜子叶

图 3-2 黄瓜花

图 3-3 黄瓜果实

（2）对环境条件的要求。

温度。黄瓜属喜温蔬菜，不耐寒，其生长发育过程中的耐受温度为10～30℃。适宜温度白天为25～30℃，夜间为10～18℃。环境温度长时间维持在10℃以下会导致黄瓜的生理活动失调甚至停止生育。

湿度。黄瓜为浅根系，且叶片较大，蒸腾作用强，生长发育期间对水分的消耗较大，对土壤湿度和空气湿度的要求较高，喜湿怕涝不耐旱，适宜其生长的空气湿度为

70% ~ 90%，土壤湿度为 85% ~ 95%。黄瓜在不同生长发育阶段的需水量存在较大差异，种子发芽期间要求有足量的水分；幼苗期则要适当控制浇水，防止沤根或徒长；结果期需水量较大，因此必须保证充足的水分供应，防止出现畸形瓜等。

光照。黄瓜喜光，能够耐受一定程度的弱光，生长发育期间最适宜的光照强度为 40 ~ 55 klx，光补偿点为 1.5 ~ 2.0 klx，光照强度低于 20 klx 则不利于高产稳产。

土壤及营养。黄瓜喜疏松透气、保水保肥、排水良好、富含有机质的土壤，pH 值为 5.5 ~ 7.2。黄瓜喜肥，但土壤溶液浓度过高或施用未腐熟的有机肥会导致烧根现象。黄瓜结果期耗肥量较大，但根系耐肥能力差，因此施肥原则以"少量多次"为主。

2）塑料大棚春黄瓜早熟栽培

塑料大棚春黄瓜应比露地春黄瓜提早定植一个月左右，但比日光温室早春黄瓜晚定植 1 ~ 2 个月。

品种选择。选用耐寒性较强、早熟性好的高产优质品种。据各地生产实践，可选用津春 2 号和 3 号、津杂 4 号、碧春和鲁黄瓜 4 号等品种。

培育适龄壮苗。因塑料大棚春黄瓜的播种期较早，为防止育苗期间出现冷害现象，可在温室内利用电热温床加温的方式进行育苗，幼苗长到 4 ~ 5 片真叶时进行定植。由于早春塑料大棚内的昼夜温差较大，定植前应加强秧苗锻炼，提高其抗逆能力，或采用嫁接育苗的方式进行育苗。

定植。当棚内表层土壤温度稳定在 10℃以上、夜间最低气温稳定在 8 ~ 10℃时即可定植。定植前应及早覆盖薄膜，密闭大棚。塑料大棚春黄瓜定植密度大，产量高，应施足底肥，可采用垄栽。

定植后的管理。主要是温度、肥水、株形等的管理。

温度管理。定植后首先要密闭保温进行缓苗，白天棚内温度保持在 28 ~ 30℃，夜间棚内温度保持在 20 ~ 22℃，同时地温要维持在 15℃以上。缓苗结束后进行变温管理，加强幼苗对塑料大棚环境的适应能力，白天棚内温度维持在 24 ~ 28℃，超过 30℃可进行放风降温，午后棚内温度降至 15℃时覆盖草苫。

肥水管理。定植后 3 ~ 5 d 浇第一次缓苗水。根瓜膨大前尽量少浇水，待根瓜长到 10 cm 左右时开始浇水，通过膜下暗灌的方式补充土壤水分，可有效控制塑料大棚内的空气湿度，结果盛期每 10 ~ 15 d 浇 1 次水，并进行适度追肥。

株形调整。植株长到第 5 片真叶时要进行搭架吊蔓，生长发育盛期应及时摘除侧枝、下部老叶、雄花以及卷须，适时落蔓，改善通风透光条件，避免病虫害的滋生。

采收。根瓜应尽早采收，以免坠秧，结果初期可 3 d 采收一次，结果盛期 1 ~ 2 d 采收一次，夏季来临前完成最后一批黄瓜的采收。

4. 操作规程和质量要求

（1）布置任务。

教师布置塑料大棚黄瓜定植任务（具体要求参考任务描述，各地根据实际条件调整），分小组协作完成，每小组 3 ~ 4 人。

（2）黄瓜定植。

以当地某一日光温室（塑料大棚）为栽植地，在教师指导下完成黄瓜定植任务。

（3）完成报告。

学生按照任务实施流程及操作步骤，认真完成任务报告，具体如表 3-2 所示。

表 3-2　设施黄瓜定植任务报告

学生姓名：			班级：	学号：	
定植	定植时间			定植方法	
	定植沟深度			定植沟宽度	
	定植温度（白天）			定植温度（夜间）	
	定植温度（地温）			定植密度	

5. 问题处理

通过查阅资料，总结设施黄瓜的高产高效栽培的技术要点。

活动二　西瓜的生物学特性认知与设施栽培

1. 活动目标

掌握设施西瓜栽培的主要方法。

2. 活动准备

将班级学生分为若干组，每组配备西瓜的种子和植株、铁锹、铁丝、竹竿和尼龙绳等。

3. 相关知识

西瓜为葫芦科，属一年生蔓生草本植物，果实汁甜脆嫩，是夏季消暑的主要水果型蔬菜，在全国各地均有栽培。

1）生物学特性

（1）形态特征。

根，主根系，根群发达，入土深度可达 1 m 以上，横向分布范围在 3 m 左右，但根系再生能力较差，可进行护根育苗或嫁接育苗。

茎，中空，呈蔓性生长，分枝能力较强，因此在生产上需要搭配合理的整枝方式进行栽培管理。

子叶，椭圆形，真叶有缺刻，叶片大而长且正背面均密生茸毛（见图 3-4）。

花，雌雄同株异花，子房表面密生银白色茸毛，需要进行人工授粉（见图 3-5）。

果实，圆形或椭圆形，果皮颜色为从浅绿至墨绿等，果面、果肉颜色有大红、橘红、黄色以及白色等，沙瓤，果肉甜脆（见图 3-6）。

图 3-4　西瓜子叶

种子，扁平、卵圆或长卵圆形。种皮为褐色、黑色、棕色等。种子使用年限为 3 年。

图 3-5　西瓜花　　　图 3-6　西瓜果实

（2）对环境条件的要求。

温度。西瓜较耐热，能忍耐 35 ℃以上的高温，生育适宜温度为 24 ~ 30 ℃，能够耐受的低温阈值是 16 ℃，持续低温会导致其生长停止，子房脱落。种子在 10 ℃以上的环境中开始发芽，适宜温度为 25 ~ 30 ℃；开花坐果期的适宜温度为 25 ℃；果实发育过程中环境温度应高于 18 ℃；果实膨大期环境温度以 30 ℃为宜，低温会导致果实推迟成熟。

湿度。西瓜较耐干旱，适宜的空气湿度为 50% ~ 60%，坐果期和果实膨大期应保持充足的水分供应，以获得高产稳产。

光照。西瓜对光照的要求较高，在 10 ~ 12 h 的长日照条件下生长良好，茎叶生长健壮，果实大而品质好，但苗期短日照能促进雌花的形成。

土壤及营养。西瓜适应性较强，喜疏松肥沃、排水良好的沙质土壤，土壤 pH 值在 5 ~ 7 时为宜。

2）塑料大棚春茬西瓜栽培

品种选择。塑料大棚春茬西瓜栽培应以早熟品种和中熟品种为主，如西农 8 号、庆红宝和凯旋等。

嫁接育苗。塑料大棚西瓜栽培，轮作倒茬困难，多采用嫁接换根的方法进行育苗栽培。西瓜嫁接常用砧木主要有黑籽南瓜、瓠瓜和冬瓜，嫁接方法以插接或贴接法为主。

施肥整地。为提早上市，一般选用耐低温、抗老化、无滴棚膜，秋末扣棚并铺设防寒草，结合深翻增施有机肥。

定植。当 10 cm 地温稳定在 14℃ 以上，棚内气温稳定在 10℃ 以上时，选择晴天上午进行定植。嫁接苗定植深度要求和土坨齐平，接口处不能埋入土中，以防发生不定根而影响嫁接效果，栽苗后浇足定植水。

田间管理。主要有温度、肥水、整枝等的管理。

温度管理。定植后到植株明显生长前棚内保持较高温度，白天维持在 30℃ 左右，夜间维持在 15℃ 左右，可通过加盖小拱棚、二层幕、草苫等进行保温。瓜苗明显生长后进行大温差管理，白天为 25 ~ 28℃，夜间为 12℃ 左右。开花结瓜期可适度提高棚内温度，夜间温度保持在 15℃ 以上。坐瓜后，随着外界温度的升高，可陆续撤掉草苫等。

肥水管理。定植时浇足定植水后，缓苗期间不再浇水。缓苗后到瓜苗开始甩蔓时浇一次水，促瓜蔓生长，之后到坐瓜前不再浇水。控制土壤湿度，防止瓜蔓旺长，推迟结瓜。结瓜后，当田间大多数植株上的幼瓜长到拳头大小时开始浇水，之后勤浇水，一直保持瓜根附近的土壤湿润。收瓜前 1 周停止浇水，促瓜成熟。头茬瓜收获结束后，及时浇水，促二茬瓜生长。施足底肥后，坐瓜前一般不追肥，坐瓜后结合浇坐瓜水，瓜长到碗口大小时结合浇"膨瓜水"。二茬瓜生长期间，根据瓜秧长势，追肥 1 ~ 2 次即可。西瓜栽培期比较短，叶面施肥效果较好，一般在开花坐果后开始，每周 1 次，连喷 3 ~ 4 次。

整枝压蔓。地爬栽培一般采用双蔓或三蔓整枝法；吊蔓或搭架栽培多采用单干整枝法；双蔓整枝法除保留主蔓外，还要保留主蔓基部一条粗壮的侧蔓来构成双蔓。三蔓整枝法，除保留主蔓外，还要选留主蔓茎部两条粗壮的侧蔓，构成三蔓。瓜秧长到 30 cm 以上后抹杈，将多余的侧蔓留 1 ~ 2 cm 后剪掉，在晴天上午用多菌灵等涂抹伤口以防病害侵染植株。由于嫁接西瓜的茎蔓进行暗压后会在土壤中生出不定根导致嫁接失败，因此一般采用明压瓜蔓的整枝方式。瓜蔓长约 50 cm 进行引蔓。

人工授粉。塑料大棚栽培西瓜由于没有昆虫授粉，常会因为授粉受精不良而出现化瓜现象，因此可在上午 10 ：00 以前进行人工辅助授粉。

4. 操作规程和质量要求

（1）布置任务。

教师布置西瓜的嫁接育苗和定植任务（具体要求参考任务描述，各地根据实际条件调整），分小组协作完成，每小组 3 ~ 4 人。

（2）西瓜的嫁接育苗和定植。

以当地某一日光温室（塑料大棚）为栽植地，并在教师指导下完成西瓜的嫁接育苗、定植等任务。

（3）完成报告。

学生按照任务实施流程及操作步骤，认真完成任务报告，具体如表 3-3 所示。

表 3-3 设施西瓜嫁接育苗和定植任务报告

学生姓名：		班级：		学号：	
嫁接育苗	催芽时期		催芽方法		
	嫁接方法		砧木选择		
	育苗温度（白天）		育苗温度（夜间）		
定植	定植时间		定植方法		
	定植沟深度		定植沟宽度		

5. 问题处理

通过查阅资料，思考对设施西瓜进行整枝压蔓有什么作用。

活动三 设施瓜类蔬菜常见病虫害诊断和综合防治

1. 活动目标

认识设施瓜类蔬菜常见病虫害种类及其发生条件；掌握其绿色综合防治技术。

2. 活动准备

设施瓜类蔬菜常见病虫害的图片和标本、显微镜、解剖针等。

3. 相关知识

1）设施瓜类蔬菜常见病虫害

常见病害。霜霉病（见图3-7）、炭疽病（见图3-8）、猝倒病、黑星病、白粉病等。

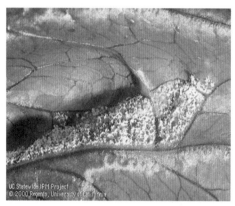 

图3-7　西瓜的霜霉病　　　　　图3-8　西瓜的炭疽病

常见虫害。蚜虫（见图3-9）、粉虱（见图3-10）、斑潜蝇、蓟马、小地老虎等。

图3-9　西瓜的蚜虫　　　　　　图3-10　西瓜的粉虱

2）主要防治方法

（1）农业措施。

品种选择。选用抗病力强、抗逆性强、适应性广、外观和内在品质好、产量高的品种。保护地选择耐低温弱光、抗病性好的品种。种子的品种纯度不低于95%，净度不低于99%，发芽率不低于90%，含水量不高于8%。

精细整地、清理田园。深耕晒垡，精耕细耙，增加土壤通透性，降低虫源基数，减少初侵染菌源。及时摘除老叶、黄叶、病虫叶并清除病株残体，带出田外集中深埋或烧毁。

合理轮作。在土传病害发生地块与非葫芦科蔬菜轮作 3 年以上。

田间管理。通过嫁接可防治多种根部病害。西瓜以黑籽南瓜或南砧 1 号作为砧木。晴天封闭大棚，将温度提高到 45℃，达到 43℃时开始计时，不得超过 46℃，1.5 ～ 2.0 h 后放风，使室温下降，摘掉病老枯叶，浇 1 次水，隔 4 ～ 5 d 再闷棚 1 次。

（2）物理诱控。

种子处理。把干种子置于 70℃恒温处理 72 h，或将种子用 55℃的温水浸种 10 ～ 15 min，并不断搅拌直至水温降到 30 ～ 35℃，再浸泡 3 ～ 4 h。将种子反复搓洗，用清水冲净黏液后晾干催芽。

床土消毒。可利用太阳能消毒，在高温休闲季节，将土壤或苗床土翻耕后覆盖地膜 20 d以上，利用太阳能晒土高温杀菌的方法灭菌；也可利用太阳能淹水法加入添加剂消毒，在高温休闲季节，将苗床或大棚土壤表面撒施石灰氮、炉渣粉、稻草、麦秸、有机肥，覆盖塑料薄膜保温至 48℃以上，持续 15 ～ 20 d。

设置覆盖物。在高温季节设置遮阳网缓解病毒病的发生。在大棚通风口用尼龙网纱密封，在露地使用防虫网覆盖，阻止有翅蚜、斑潜蝇和粉虱等害虫潜入。铺银灰膜或挂银灰膜条驱避蚜虫。

诱杀。利用黄板诱杀斑潜蝇、蚜虫、粉虱等；利用蓝板诱杀蓟马等。

（3）生物防治。

天敌防治。利用桨角蚜小蜂防治烟粉虱；利用丽蚜小蜂防治白粉虱。

生物农药。利用农抗 120 或武夷菌素（BO-10）防治白粉病、黑星病和炭疽病；利用阿维菌素防治蜡类；利用灌根防治根结线虫；利用农用硫酸链霉素或新植霉素防治细菌性角斑病；利用苦参碱（维绿特、京绿、绿美、绿梦源等）、天然除虫菊（5%除虫菊素乳油）等防治蚜虫；利用菇类蛋白多糖（抗毒剂 1 号）防治病毒病。

（4）科学用药。

利用 25% 吡唑醚菌酯悬浮剂喷雾可防治瓜类蔬菜的白粉病，制剂用量为每亩 40 ～ 60 mL；利用 2% 几丁聚糖可溶液剂喷雾防治白粉病，制剂用量为每亩 34 ～ 50 mL；利用 15% 氰烯菌酯悬浮剂灌根可防治枯萎病，制剂用量为 400 ～ 660 倍液；利用 98% 噁霉灵可溶粉剂灌根防治枯萎病，制剂用量为 2 000 ～ 2 400 倍液。

3）黄瓜霜霉病的综合防治

霜霉病是黄瓜栽培中常见的真菌病害，主要危害叶片。在适宜条件下，病害流行速度很快，可使产量减少 10% ～ 20%，严重的减产超过 50%。根据生产经验，简要介绍大棚黄瓜霜霉病的症状、规律、传播途径及综合防治技术。

（1）发病症状。

大棚黄瓜霜霉病在苗期和成株期均有发生，其主要危害叶片，茎和花序也可受害。发病初期，叶片背面出现水浸状黄绿色斑点，病斑扩张后受限于叶脉呈多边形，多个病斑可聚合成小块，边缘界线明显。后期病斑变成浅棕色，全叶变黄干枯。大棚湿度较大时，叶片背面病斑上出现紫灰色至黑色霜状霉变层，气候干燥时霉变层会消失。病害严重时，病斑连接成片，整片叶变黄、干燥、卷起，整株叶片发病。茎和花序被感染，形成无定形的棕色斑点，整个花序膨胀弯曲，受害部位形成黑色霜霉。

（2）传播途径。

病菌在土壤或发病植株残余组织中的孢子囊及潜伏在种子里的菌丝中越冬或越夏。当外界环境适宜时，孢子囊通过空气流动或耕作传播。温度在 15 ~ 30℃时，病菌会在叶片上的露珠或水膜上产生芽管，并从叶片上的气孔侵入引起侵染，通过气流和雨水的飞溅，传播到田间植株上，反复再感染，加重危害。棚内温度在 20 ~ 28℃、空气湿度在 85% 以上时，病害发展迅速。湿度低于 70%，不易萌发和感染。

（3）发病规律。

病害的发生和流行与环境温度、湿度密切相关，大棚和苗床附近的黄瓜植株发病严重。地势低洼、栽培过密、通风采光差、土壤瘠薄、肥料不足、水分过多、植株徒长等，均有利于病害的发生。管理不善、田间操作不当、通风除湿时间不够、夜间大棚过早关闭，叶片上易形成水膜，致使发病严重。多雨（露、雾）、昼夜温差大、阴晴交替、夜间易结露等气候条件有利于病害的发生和流行。

（4）综合防治。

①农业措施。

选择良种。选用抗病性强、丰产性好、适宜大棚栽培的优良品种，如津杂 2 号、津春 2 号、津春 4 号、绿丰 1 号、京旭 2 号、夏青 2 号、中农 3 号、鲁春 26 号、宁丰 1 号、夏丰 1 号、冀菜 2 号、郑黄 2 号、北京 102、农大 12 号、济杂 3 号等。

种子处理。播种前，用 50℃温水浸种 30 min，取出后冷浸 4 h，或用 50% 多菌灵可湿性粉剂 500 倍液浸种 1 h，然后用水冲洗，促芽播种；也可用 75% 氯乙腈可湿性粉剂和 50% 福美双可湿性粉剂按 1：1 的比例混合拌种，用量为种子总质量的 0.3%，拌种处理后再促芽播种。

合理轮作。避免与瓜类和其他近缘蔬菜连作，前茬是番茄、茄子或黄瓜的菜园，不宜再种植黄瓜。重茬地可与小麦、玉米等禾本科作物实行 2 年以上轮作，或在大棚黄瓜前茬种植夏萝卜、苦瓜等作物。

清洁田园。育苗温室与生产大棚分离，可有效减少苗期病害的发生。移栽前，彻底清除田间病残株，深耕土壤。发病初期及时将病叶移出大棚，深埋或焚烧，以减少田间病原基数。收获黄瓜后，清除田间和周围的枯叶、杂草、堆肥或焚烧的残余物，以减少留在田间的病原数量。病害严重的田块，拔秧前每亩用 100 kg、5% 石灰水均匀喷布整个植株和地面，或每亩喷施（或撒施）20 kg 熟石灰粉进行消杀。

加强栽培管理。采用营养钵培育壮苗，提高植株抗逆性。采用电加热或加热温床育苗，温度高、湿度低、无结露、病害少。苗期少浇水，栽植前 1 ~ 2 d 浇水。选择地势较高、排水良好的地块种植黄瓜，地块应深翻整平、配方施肥、足量施肥。移栽后，生长初期应适当控制水分，及时中耕，促进根系发育。在条件允许的情况下，采用膜下滴灌和暗灌，避免大水漫灌。生长后期对水分需求量较大，应适当增加浇水次数。浇水要选择晴天的早晨，雨天不宜浇水。结合深耕整地，要施足基肥，以充分腐熟的农家肥或商品有机肥为主，配施适量磷、钾肥。黄瓜生长后期可用尿素、糖和水配制溶液喷洒叶面，1 周 1 次，连喷 3 ~ 5 次。

②科学用药。

用烟雾剂防治。发病初期，每亩用 45% 百菌清烟剂 250 g（20% 百菌清烟剂 300 g），或 15% 霜疫清烟剂 300 g，分别在大棚内的几个地方点燃，闭棚烟熏一夜。建议晚上用药，次日早晨通风换气。隔 5 ~ 7 d 天熏 1 次，可有效控制霜霉病。此方法也可与农药喷洒交替使用。

喷药防治。棚室内发现病株，应及时拔除并喷洒药剂。药剂可选择 75% 百菌清可湿性粉剂 800 倍液，或 58% 甲霜灵·锰锌可湿性粉剂 800 倍液，或 30% 烯酰吗啉可湿性粉剂 1 000 倍液，或 64% 杀毒矾可湿性粉剂 500 倍液，或 47% 加瑞农可湿性粉剂 800 倍液等。以上药剂每 5 ~ 7 d 喷 1 次，连喷 2 ~ 3 次，交替使用。

4. 操作规程和质量要求

（1）布置任务。

教师布置对设施瓜类蔬菜常见病虫害种类进行调查任务，协作制订病虫害综合防治方案，分小组协作完成，每小组 3 ~ 4 人。

（2）设施瓜类蔬菜常见病虫害调查和综合防治。

采取实地调查与查阅文献资料相结合的方式对当地的设施瓜类蔬菜病虫害进行调查，具体如表 3-4 所示。

表 3-4　设施瓜类蔬菜常见病虫害诊断与防治

工作环节	操作规程	质量要求
设施瓜类蔬菜常见病害症状和病原菌形态观察	1. 主要观察设施瓜类霜霉病、炭疽病、白粉病、疫病的田间为害特点、发病部位及病斑的形状、颜色、表面特征等； 2. 制片观察病原物形态特征，结合资料对病原类型及病害种类做出诊断	注意观察设施瓜类蔬菜霜霉病和白粉病症状的区别
设施瓜类蔬菜病害防治	调查当地设施瓜类蔬菜主要病害的发生为害情况及防治技术，找出防治过程中存在的问题	发生及为害情况调查要求：一个地区一定时间内病害种类、发生时期、发生数量及为害程度等
设施瓜类蔬菜害虫形态和为害特征观察	观察蚜虫、粉虱等害虫的形态特征及为害特点	注意比较不同害虫为害状况的区别
设施瓜类蔬菜主要害虫防治	调查当地设施瓜类蔬菜主要害虫发生为害情况、主要防治措施和成功经验，并提出改进意见	发生及为害情况调查要求：一个地区一定时间内虫害种类、发生时期、发生数量及为害程度等

5. 问题处理 ≫

活动结束以后，回答以下问题。

（1）描述所观察的设施瓜类蔬菜常见病虫害的典型症状特点。

（2）拟订 2～3 种设施瓜类蔬菜病虫害综合防治方案。

任务三　设施茄果类蔬菜生产技术

【任务描述】

江苏省盐城市某农业科技有限公司与某高校食堂签订了年供 50 t 番茄、45 t 茄子的合同，要求在 2 月底或 3 月初交货，订单量大，持续时间长。该公司根据合同，决定投资 50 万元建设一批塑料大棚，进行设施茄果类蔬菜栽培，保证按合同交货。本任务要求精心设计一个番茄、茄子的设施蔬菜栽培方案，并负责实施。

【任务目标】

知识目标　了解茄果类蔬菜的形态特征、生长发育规律；掌握番茄、茄子等设施茄果类蔬菜的育苗技术、肥水管理技术以及病虫害的综合防治技术。

技能目标　能够根据市场需求，合理安排设施内番茄、茄子的栽培茬口；能够选择高效的防治措施对设施茄果类蔬菜的常见病虫害进行治理。

素养目标　在课程学习过程中，培养独立分析问题、解决问题的能力，厚植园艺学子的兴农情怀和责任担当。

【背景知识】

茄果类蔬菜是指茄科植物中以浆果作为食用器官的蔬菜，主要包括番茄、茄子和辣椒等。这类蔬菜含有丰富的维生素、碳水化合物、矿物质、矿物盐、有机酸及少量的蛋白质，营养丰富，深受广大人民群众欢迎，在中国南北各地普遍栽培。

活动一　番茄的生物学特性认知与设施栽培

1. 活动目标 >>>

掌握设施番茄栽培的主要方法。

番茄设施栽培管理技术

2. 活动准备 ▶▶

将班级学生分为若干组，每组配备番茄的种子和植株、铁锹、铁丝、尼龙绳和手套等。

3. 相关知识 ▶▶

番茄，又名西红柿，属茄科番茄属中以成熟多汁浆果为产品的草本植物。果实营养丰富，具有特殊风味，既可生食、熟食，也可加工制成番茄酱或罐藏。

1）生物学特性

（1）形态特征。

根，番茄主根入土较深，根系分布广，主根深度可达 1 m 以上，水平伸展可达 2 m 以上。主根截断后可发出多个侧根，茎部易产生不定根。

茎，呈半直立或半蔓性，分枝能力较强，每个叶腋都能长出侧枝，生产过程中需要及时进行整枝、摘心、打杈。根据主茎花序着生情况常把番茄品种分为自封顶类型和非自封顶类型。自封顶类型番茄的主茎生长到 6 ~ 8 片真叶后，开始出现第 1 个花序，以后每隔 1 ~ 2 片真叶着生 1 个花序，主茎着生 2 ~ 4 个花序后，顶芽变成花芽，主茎不再延伸，出现封顶现象；非自封顶类型番茄的主茎生长到 8 ~ 12 片真叶后，开始出现第 1 个花序，以后每隔 3 片真叶着生 1 个花序，只要环境条件适宜，主茎可无限向上生长。

单叶，呈羽状深裂或全裂（见图 3-11）。

花，完全花，属于聚伞花序，小果型品种为总状花序，花瓣黄色，自花授粉（见图 3-12）。

浆果，果实颜色有黄色、橙色、红色、粉红色等（见图 3-13）。

种子，成熟比果实要早，种皮表面有茸毛。种子较小，干粒质量为 3 ~ 3.3 g。

图 3-11　番茄单叶

图 3-12　番茄花

图 3-13　番茄果实

（2）对环境条件的要求。

温度。番茄属喜温蔬菜，生长发育的适宜温度为 20 ~ 25℃。不同生育期对温度要求不同。种子发芽的适宜温度为 28 ~ 30℃，最低温度为 12℃；幼苗期白天适宜温度为 20 ~ 25℃，夜间为 13 ~ 15℃；开花期对温度反应比较敏感，白天适宜温度为 20 ~ 30℃，夜间为 15 ~ 20℃，15℃以下的低温或 35℃以上的高温都不利于开花结果。

光照。番茄为喜光作物，光照充足，光合作用旺盛，茎叶生长健壮、叶片发育良好、坐果多、产量高。番茄对日照长短要求不严格，较长的日照条件有利于其开花结果。

水分。番茄要求较低的空气湿度和较高的土壤湿度，适宜的空气相对湿度为 50% ~ 65%，适宜的土壤相对湿度为 65% ~ 85%。苗期的空气和土壤湿度过大会导致徒长苗的形成，结果期缺水则会造成减产。

土壤。番茄要求土层深厚肥沃、疏松透气、排灌方便，定植前应在栽培床中施足有机肥，在结果期进行适度追肥。

2）设施番茄春季早熟栽培

品种选择。岩棉栽培多选用无限生长型、抗性强且可以长季节栽培的品种。本活动选用荷兰瑞克斯旺公司的樱桃番茄 72-192，其植株为无限生长型，早熟性好，适合南方全年保护地种植。其果实红色鲜亮，单果质量为 12 ~ 23 g，单串留果 8 ~ 10 对，岩棉栽培产量可达 25 kg/m²，可单果采收也可串收，果实口味极佳，商品性好；抗樱桃番茄花叶病毒、叶霉病（A-E）、番茄黄化曲叶病毒、灰叶斑病。

茬口安排。樱桃番茄喜温，其最适宜的生长温度为 20 ~ 25℃，低于 15℃时不能开花或授粉受精不良；高于 30℃时，其同化作用显著降低；高于 35℃时，生殖生长受到干扰和破坏。因此南方地区设施栽培作物茬口安排应尽量将盛收期避开夏季高温，此阶段可安排育苗（即 7—9 月）；盛收期则在 12 月至第 2 年的 2 月，期间设施内温度适宜，且昼夜温差大，更利于果实糖分的积累。

育苗。待种子露白即可播入岩棉塞，岩棉塞选用荷兰 Grodan 生产的 240 孔岩棉塞

（20 mm×27 mm）。播种前先将岩棉塞用清水浸泡10 h，再用樱桃番茄育苗期专用营养液浸泡24 h，EC值为1.0 ~ 1.2 mS/cm、pH值为5.5。种子播入岩棉塞后，用珍珠岩覆盖1 cm厚，并盖上透明薄膜保湿。夏季水分蒸发快，应注意及时补水保湿，待子叶出土后及时揭膜。

移苗。待樱桃番茄幼苗长至2叶1心时，将岩棉塞移入规格为10 cm×10 cm×6.5 cm的Grodan岩棉块内。转移前，用EC值为2.0 mS/cm、pH值为5.8 ~ 6.0的樱桃番茄营养生长期专用营养液浸透岩棉块，并把岩棉块摆放在不漏水的浅槽中，槽中保证有1 ~ 2 cm深的营养液，这样更有利于根系的生长。待幼苗长至4叶1心时即可定植，强壮秧苗的根系已完全布满并伸出岩棉块。

定植。定植前要对整个温室及滴灌系统进行消毒，温室用安泰生800倍液进行喷药消毒，滴灌系统用500倍的高锰酸钾溶液浸泡清洗，然后用清水冲洗干净。岩棉条规格为100 cm×20 cm×6.5 cm，定植前先将岩棉条用清水滴灌48 h，再用EC值为2.5 mS/cm、pH值为5.5 ~ 6.0的樱桃番茄营养生长期专用营养液滴灌24 h，直至回收液的EC值和pH值与进液相同。岩棉条先裁好定植孔，按照岩棉块大小剪开包装膜，每条设4个定植孔，间隔25 cm。定植时将岩棉块直接放置于定植孔内，注意将伸出来的根系塞到岩棉条的包装膜下，以防根系外露失水。定植行距设为160 cm，种植密度设为2.5株/m²。定植后将滴灌头垂直插入岩棉块，插入深度为岩棉块的2/3为宜。

营养液管理。营养液配制根据樱桃番茄不同生长阶段的营养需求，及时调配营养液的配方和浓度。幼苗期需增加氮肥施用量，以促进樱桃番茄营养生长，按每1 000 kg营养母液含硝酸钙92.5 kg、硝酸钾55 kg、硫酸镁48.8 kg、磷酸二氢钾15.8 kg、硫酸钾4.1 kg、EDTA–2NaFe 13% 1 560 g、硼酸150 g、硫酸锰115 g、硫酸锌67 g、硫酸铜30 g、钼酸铵10 g的比例配置。开花坐果期增加磷、钾肥施用量，以促进樱桃番茄根系生长，按每1 000 kg营养母液含硝酸钙90 kg、硝酸钾45 kg、硫酸镁48.8 kg、磷酸二氢钾18.9 kg、硫酸钾4.1 kg、EDTA–2NaFe 13% 1 560 g、硼酸150 g、硫酸锰115 g、硫酸锌67 g、硫酸铜30 g、钼酸铵10 g的比例配置。

南方温室栽培，夏天在日出后1 h开始浇灌，上午每1.5 h浇灌1次，每次3 min；11：00后每1 h浇灌1次，每次4 min；16：00后每2 h浇灌1次，每次3 min，日落前1 h停止。水肥用量为600 ~ 700 mL/株，岩棉条内湿度达到70%左右，目测则以最后一次滴肥结束后有少量营养液回流为宜。冬季在日出后2 h开始浇灌，可全天每1.5 h浇灌1次，每次3 min，日落前1.5 h停止。水肥用量为500 ~ 600 mL/株，岩棉条内湿度达到60%左右即可。

定植后，樱桃番茄不同生育时期适宜的灌溉营养液EC值和pH值范围如下：营养生长期EC值为2.5 ~ 3.0 mS/cm，pH值为5.8左右；开花结果期EC值为3.2 ~ 3.6 mS/cm，pH值为5.5 ~ 6.2。

　　整枝、授粉。无限生长型樱桃番茄品种分枝能力强，岩棉栽培主要采用吊蔓栽培及单干整枝方式，相邻植株"V"字形分开在岩棉条两侧，既可以保持良好的通风透光条件，又可以保持整齐美观的效果。在樱桃番茄长到高 30 cm 左右时，开始吊蔓，并及时打杈。另外长季节生长的樱桃番茄可以长到 12 m 以上，因此要及时对植株进行放蔓和打叶。具体操作是每当樱桃番茄生长到 3 m 时开始落蔓，将岩棉条同侧相邻的两株交叉互换位置，向水平方向放倒，并及时摘除第二串果以下的叶子，便于放蔓。岩棉栽培樱桃番茄属于长季节栽培，一般一年一茬，平均每株樱桃番茄可结果 25 ~ 30 串，每串可坐果 12 ~ 15 对，为保持果实大小一致，要及时疏花疏果，一般每穗留果 8 ~ 10 对，商品性最佳。此外，温室栽培还要采用昆虫或人工辅助授粉，人工授粉应在上午 10：00—11：30 进行，用电动震荡棒震荡花序茎部，促使花粉散落促进受精，提高坐果率。每隔 1 d 授粉 1 次，授粉时适宜温度为 18 ~ 28℃。南方阴雨天气较多，花粉不宜散落，可采用熊蜂辅助授粉。利用熊蜂生物授粉技术，在节省大量劳动力的同时，成功解决了完成作物充分授粉并提高授粉效率的难题。经过熊蜂授粉的樱桃番茄，不仅果实外观周正，而且种子饱满、汁液丰富、风味浓厚，果实总产量平均提高 25%，单果质量增加 15%。

　　病虫害防治。危害樱桃番茄的主要虫害为烟粉虱、美洲斑潜蝇、蚜虫和茶黄螨等，可采用黄板诱杀白粉虱、潜叶蝇，每亩地放置 30 ~ 35 块，置于行间与植株高度相同；释放天敌捕杀蚜虫和茶黄螨，并加强栽培管理等物理防治手段。药剂防治可选用 25% 蚜虱统熏杀 1 000 倍液或白粉虱烟熏剂熏杀，用灭蝇胺 1 000 倍液，5 d 喷雾一次，连续 2 ~ 3 次。樱桃番茄的主要病害有青枯病、病毒病、疫病、灰霉病等，防治以预防为主，可用 50% 多菌灵 500 倍液、甲基托布津 500 倍液、72% 农用链霉素 4 000 倍液灌根，7 ~ 10 d 灌 1 次，连续 2 ~ 3 次。发病后喷金雷多米尔 800 倍或安泰生 800 倍或嘧肽霉素稀释 600 ~ 800 倍或败毒 + 巨力星 121 稀释 600 ~ 700 倍，7 d 喷 1 次，连续 2 ~ 3 次。若温室内投放熊蜂授粉，熊蜂对农药极其敏感，因此应尽量避免药物防治，多采用物理防治手段，需要药物防治时，应提前收蜂，待施药 3 d 后再行放蜂。

4. 操作规程和质量要求

　　（1）布置任务。

　　教师布置番茄种子催芽任务（具体任务要求参考任务描述，各地根据实际条件调整），分小组协作完成，每小组 3 ~ 4 人。

　　（2）番茄种子催芽。

　　以当地某一日光温室（塑料大棚）或校内基地日光温室（塑料大棚）为实训基地，在教师指导下完成番茄种子催芽任务。

（3）完成报告。

学生按照任务实施流程及操作步骤，认真完成任务报告，具体如表 3-5 所示。

表 3-5　番茄种子催芽任务报告

学生姓名：		班级：		学号：	
种子催芽	品种选择		催芽方法		
	催芽时间		催芽温度		
	温汤浸种的时间		一般浸种的时间		
	出芽率				

5. 问题处理

通过查阅资料，总结设施内的普通番茄和樱桃番茄的栽培技术要点，以及它们在生长习性、肥水管理、病虫害防治过程等方面有哪些异同点。

活动二　茄子的生物学特性认知与设施栽培

1. 活动目标

掌握设施茄子栽培的主要方法。

2. 活动准备

将班级学生分为若干组，每组配备茄子的种子和植株、铁锹、包装袋等。

3. 相关知识

茄子属于茄科茄属植物，产量高、适应性强、供应期长，为夏秋季的主要蔬菜。在我国栽培历史悠久，在蔬菜生产和供应中具有十分重要的地位，是我国主要的设施蔬菜品种。

1）生物学特性

（1）形态特征。

茄子的根系发达，吸收能力强，根系木栓化早，再生力弱。育苗移栽时应尽量减少移植次数，保护根系，这样有利于形成健壮的植株。

茄子的茎直立粗壮，成熟植株茎基部木质化程度较高。茄子分枝结果习性为假二杈分枝，一般早熟品种的主茎着生 6 ～ 8 片真叶后，开出第 1 朵花；中熟或晚熟品种主茎着生 8 ～ 9 片真叶后，开出第 1 朵花。当顶芽变为花芽后，紧挨花芽的两个侧芽抽成第 1 对较健壮的侧枝代替主枝生长。以后每一侧枝长出 2 ～ 3 片叶后，又形成一个花芽和一对次生侧枝，依次生长。每一次分枝结一层果实，按出现的先后顺序被称为门茄、对茄、四门斗、八面风、满天星等。

茄子的叶为单叶、互生，叶片肥大，呈卵圆形或长椭圆形，叶面有茸毛，叶脉和叶柄有小刺毛，叶缘波状（见图 3-14）。

茄子的花是两性花，花色为淡紫或白色，一般为自花授粉。茄子的花较大，主要由萼片、花冠、雄蕊和雌蕊四部分组成。花分为长柱花、中柱花和短柱花。其中，长柱花的花柱高出花药为健全花，能正常授粉；短柱花的花柱低于花药，为不健全花，授粉率低，结果困难；中柱花则介于两者之间（见图 3-15）。

茄子以肉质浆果为主要食用器官。果实的形状有圆、扁圆、长条形及倒卵圆形，果色有深紫、鲜紫、白色与绿色（见图 3-16）。

茄子的种子在果实将近成熟时迅速发育成熟，种子为扁平肾形、黄色、有光泽，干粒质量为 4 ～ 5 g，寿命为 4 ～ 5 年。

图 3-14　茄子叶　　　　图 3-15　茄子花　　　　图 3-16　茄子果实

（2）对环境条件的要求。

温度。茄子种子发芽的适宜温度为 28 ℃左右，生长发育期间要求环境温度达到 13 ～ 35 ℃，温度过高或过低都会导致植株生长缓慢、发育不良。

光照。茄子喜光，光照强度的饱和点为 40 klx，补偿点为 2 klx。在生长发育过程中光照强度不足会影响其花芽分化，导致果实发育缓慢、转色困难，影响其产量和品质。

水分。茄子对水分的需求量大，在设施栽培中，适宜的空气相对湿度为 70% ~ 80%。田间适宜土壤相对含水量应保持在 70% ~ 80%，湿度过大容易引起病害的发生。

土壤及营养条件。茄子喜有机质多、疏松肥沃、排水良好的沙质壤土，微酸性至微碱性（pH 值为 6.8 ~ 7.3）的土壤有利于获得高产稳产。茄子生长发育过程中需肥量较大，定植时应施足底肥，结果期可进行适当追肥。

2）塑料大棚茄子春季早熟栽培

我国南方地区一般在 10 月上中旬播种育苗，11—12 月定植到塑料大棚中，第 2 年 3—4 月开始上市。

（1）播种培育。

苗床准备。茄子苗期生长缓慢，育苗难度较大，可进行加温保温育苗，一般采用塑料大棚套小棚的保温措施，或通过酿热及电热的方式进行加温。

种子处理。茄子的种子外皮坚硬，具有角质层且附有一层果胶物质，透水透气性较差，因此播种前需采取浸种催芽处理。浸种期间需反复搓洗几次，以去除种皮外的黏液。

播种育苗。生产上一般采用嫁接育苗，砧木品种应比接穗品种提前播种，一般托鲁巴姆比接穗品种提前 25 ~ 35 d 播种。播种时要先浇足底水，然后进行撒播，播种后可覆盖一层薄土（1 ~ 1.5 cm），若播种后气温较低不利于出苗，可用地膜覆盖或进行电热加温，温度控制在 28 ~ 30℃，幼苗出土后苗床温度以白天 20 ~ 25℃、夜间 15℃为宜。

（2）整地定植。

塑料大棚早熟栽培可提前一个月扣膜，以降低土壤湿度，提高棚内温度。基肥应提前半个月施入，幼苗定植时一般应有 8 ~ 10 片叶，株高不超过 20 cm。10 月上旬播种的茄子于 11 月中下旬定植最为适宜，此时棚内温度较高，定植后缓苗较快，有利于根系生长。定植要选冷空气过后的晴天进行，定植后覆盖地膜并搭拱棚盖膜保温。

（3）栽培管理。

保温防寒。一般可利用塑料大棚套小棚的方式进行保温防寒，白天尽量保持塑料大棚内温度为 25 ~ 30℃，夜间为 15 ~ 20℃，短期低温不低于 10℃。

通风透光。幼苗缓苗后，要逐步加强通风透光管理，棚内温度控制在 25℃左右为宜。当外界最低温度超过 15℃时，可进行昼夜通风。

肥水管理。前期气温较低，可适当控制浇水，入春后可每周浇一次水，以后每采收两次追一次肥，使用复合肥、尿素、磷酸二氢钾等进行根外追肥，也可以进行滴灌施肥。

整枝打叶。早熟栽培的茄子栽植密度较大，一般将"门茄"以下的侧枝全部摘除，以后可不进行整枝，以通风透光为主。

防止落花落果。落花落果是造成茄子减产的一个主要原因，因此，可根据具体原因有针对性地加强田间管理，改善肥、水供给状况和通风透光情况，也可在开花结果期使用植物生长调节剂进行点花保果。

（4）采收。

可进行多次采收。果实采收的标准是看萼片与果实相连接部位的白色环状带（即茄眼），环状带明显。表示果实生长快；环状带不明显，表示果实生长转慢，应及时采收，采收时间以早晨为最好。

4. 操作规程和质量要求

（1）布置任务。

教师布置茄子的嫁接育苗任务（具体任务要求参考任务描述，各地根据实际条件调整），分小组协作完成，每小组 3 ~ 4 人。

（2）茄子的嫁接育苗。

以当地某一日光温室（塑料大棚）或校内基地日光温室（塑料大棚）为实训基地，在教师指导下完成茄子的嫁接育苗任务。

（3）完成报告。

学生按照任务实施流程及操作步骤，认真完成任务报告，具体如表3-6所示。

表 3-6　茄子的嫁接育苗任务报告

学生姓名：		班级：		学号：	
播种	种子播前处理		砧木品种	
	接穗品种		砧木播种时间	
	接穗播种时间		播种方法	
嫁接育苗	嫁接方法		嫁接时间	
	接穗的苗龄		砧木的苗龄	
	嫁接苗成活率			

5. 问题处理

通过查阅资料，总结设施内茄子保花保果的主要措施。

活动三　设施茄果类蔬菜常见病虫害诊断和综合防治方法

1. 活动目标

认识设施茄果类蔬菜常见病虫害种类及其发生条件；掌握设施茄果类蔬菜综合防治技术。

2. 活动准备

设施茄果类蔬菜常见病虫害的图片和标本、显微镜、解剖针等。

3. 相关知识

1）常见病虫害

病害。立枯病（见图 3-17）、猝倒病、灰霉病（见图 3-18）、褐纹病和枯萎病等。

图 3-17　茄子立枯病

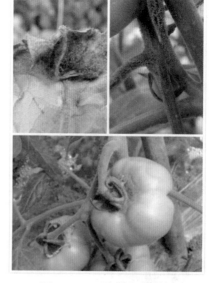

图 3-18　番茄灰霉病

虫害。棉铃虫（见图 3-19）、烟青虫、辣椒甜菜夜蛾、粉虱、蚜虫和蓟马等。

图 3-19　番茄棉铃虫

2）病虫害综合防治

（1）农业措施。

品种选择。选择抗病力强、抗逆性强、适应性广的优质高产品种。种子的品种纯度不低于 95%，净度不低于 99%，发芽率不低于 90%，含水量不高于 8%。

合理轮作、清洁田园。在早疫病、根腐病、菌核病、黄萎病和青枯病等土传病害发生地块与非寄主植物（亲缘关系较远的或非茄科）轮作 3 年以上。深耕晒垄，精耕细耙，增加土壤通透性，降低虫源基数，减少初侵染菌源。及时摘除老叶、黄叶、病虫叶并清除病株残体，带出田外集中深埋或烧毁。

育苗。茄子的嫁接育苗可有效防止土传病害的发生，可将托鲁巴姆、日本赤茄等用作砧木，将栽培茄作为接穗。

肥水管理。根据产量标准和地力条件合理安排施肥量，以优质腐熟圈肥、腐熟饼肥、过磷酸钙、硫酸钾等为主，禁止使用含氯肥料。保护地茄子禁用碳铵，以防熏棚。根据茄科植物的长势，开花至结果期可选用硫酸锌、绷砂、硫酸亚铁等对叶面进行施肥。

（2）物理诱控。

种子处理。利用温汤浸种法处理种子。

床土消毒。可利用日光消毒法，将配制好的培养土放在清洁的混凝土地面或木板上，薄摊，暴晒 3 ~ 15 d，即可杀死大量病菌孢子、菌丝和害虫卵、害虫、线虫。也可利用锅蒸消毒法，把营养土放入蒸笼内，加热到 60 ~ 100℃，持续 30 ~ 60 min，加热时间不宜太长，以免杀死能分解肥料的有益微生物，影响植物的正常生长发育。采用火烧消毒法，即在露地苗床上，将干柴草平铺在田面上点燃，这种方法不但可以消灭表土中的病菌、害虫和虫卵，翻耕后还能增加一部分钾肥。在高温季节，可将土壤或苗床土翻耕后覆盖地膜 20 d 以上，利用太阳能晒土高温消毒。

设置覆盖物。在高温季节设置遮阳网防治病毒病。在温室大棚通风口用尼龙网纱密封、在露地使用防虫网覆盖，阻止有翅蚜、斑潜蝇和粉虱等害虫潜入。铺银灰膜或挂银灰膜条驱避蚜虫。

诱杀。利用黄板诱杀斑潜蝇、蚜虫、粉虱等；利用蓝板诱杀蓟马等。

（3）生物防治。

天敌防治。利用丽蚜小蜂、桨角蚜小蜂防治粉虱；利用赤眼蜂防治棉铃虫、烟青虫等鳞翅目害虫；利用食蚜瘿蚊防治蚜虫。

生物农药。利用农用硫酸链霉素、新植霉素等防治疮痂病、细菌性叶斑病、番茄溃疡病等；利用农抗 120、武夷菌素防治白粉病；利用苏云金杆菌制剂防治棉铃虫和烟青虫；利用核型多角体病毒防治棉铃虫和烟青虫；利用井冈霉素、木霉素防治霜霉病、叶霉病等；利用氨基寡糖素防治枯萎病、叶斑病、病毒病等；利用菇类蛋白多糖（抗毒剂 1 号）防治病毒病，在茄黄斑螟卵高峰期用卡死克或抑太保喷洒叶背面；利用多杀霉素（菜喜）防治低龄甜辣椒菜叶蛾、甘蓝叶蛾等鳞翅目害虫幼虫。

（4）科学用药。

使用 34% 春雷·霜霉威水剂苗床浇灌防治猝倒病，制剂用量为 12.5 ~ 15 mL/m^2；利用 30% 精甲·噁霉灵水剂浸种防治猝倒病，制剂用量为 300 ~ 400 倍液。使用 1% 丙环·嘧菌酯基质拌药防治立枯病，制剂用量为 600 ~ 1 000 g/m³。

4. 操作规程和质量要求

（1）布置任务。

教师布置设施茄果类蔬菜的主要病虫害诊断与防治任务，分小组协作完成，每小组 3 ~ 4 人。

（2）设施茄果类蔬菜常见病虫害调查和综合防治。

采取实地调查与查阅文献资料相结合的方式对当地的设施茄果类蔬菜病虫害进行调查，小组合作制订茄果类蔬菜病虫害诊断与综合防治方案，具体如表 3-7 所示。

表 3-7　设施茄果类蔬菜常见病虫害诊断与防治

工作环节	操作规程	质量要求
设施茄果类蔬菜常见病害症状和病原菌形态观察	1. 主要观察设施茄果类蔬菜立枯病、猝倒病、灰霉病的田间为害特点、发病部位及病斑的形状、颜色、表面特征等；2. 制片观察病原物形态特征，查阅资料对病原类型及病害种类做出诊断	注意观察设施茄果类蔬菜灰霉病和立枯病症状的区别
设施茄果类蔬菜病害防治	调查设施茄果类蔬菜主要病害的发生规律，结合当地生产实际，提出有效的防治方法和建议	发生及为害情况调查：一个地区一定时间内病害种类、发生时期、发生数量及为害程度等

续表

工作环节	操作规程	质量要求
设施茄果类蔬菜害虫形态和为害特征观察	观察棉铃虫、烟青虫、辣椒甜菜夜蛾、粉虱等害虫的形态特征及为害特点	注意比较不同害虫为害状况的区别
设施茄果类蔬菜主要害虫防治	选择 2～3 种设施茄果类蔬菜的主要害虫，提出符合当地生产实际的防治方法	综合防治要全面考虑经济、社会环境和生态效益及技术上的可行性

5. 问题处理

活动结束以后，完成以下问题。

（1）描述所观察的设施茄果类蔬菜常见病虫害的典型症状特点。

（2）拟订 2～3 种设施茄果类蔬菜病虫害的综合防治方案。

项目拓展

1. 豆类设施蔬菜生产技术　（插入二维码 5）

2. 叶菜类设施蔬菜生产技术　（插入二维码 6）

3. 植物无土栽培技术　（插入二维码 7）

二维码 5　　　二维码 6　　　二维码 7

拓展园地

种业创新——乌兰察布市的"金豆豆"　（插入二维码 8）

二维码 8

巩固练习

1. 请列举设施蔬菜季节茬口安排的类型。

2. 影响蔬菜茬口安排的因素有哪些？采取哪些措施可以实现蔬菜的周年均衡供应？

3. 请简述设施蔬菜秋冬茬口的特点。

4. 请简述瓜类蔬菜的共同点。

5. 如何培育黄瓜壮苗？

6. 请简述塑料大棚春黄瓜早熟栽培技术的要点。

7. 请简述瓜类蔬菜常见病虫害的综合防治技术。

8. 观察番茄的分枝特性，并分析其与栽培管理有何关系。

9. 茄子的嫁接育苗具有什么意义？

项目四

设施果树
生产技术

[4]

🔍 项目背景

　　设施果树生产作为果树露地自然栽培的特殊形式，符合"三高"农业要求，在农业经济发展中具有重要意义。与露地栽培相比，设施果树栽培是一个全新的体系。在设施生产条件下，温度、湿度、光照、二氧化碳等环境因子发生了改变，因此果树的生长发育过程也发生了相应变化。这必然导致在这一特殊栽培形式下，从果树品种选择、栽培模式、整形修剪、树体调控、环境调控、肥水管理到病虫害防治等一系列技术和露地栽培体系有所不同。

🔍 项目目标

　　熟悉当地主要果树树种和品种特性；掌握果树的生长发育规律；了解不同设施类型果树建园技术、果树环境调控技术；掌握设施内果树的施肥技术、修剪技术以及病虫害综合防控技术等；能够进行桃、葡萄和草莓等的设施栽培。

任务一　设施桃生产技术

【任务描述】

　　某无公害优质桃种植合作社经多年发展，种植各种品种桃 1 000 余亩，今年与北京签订了年供 2 000 t 的优质鲜桃合同，要求每年从 4 月中旬开始分批交货，价格高出市场价 30%，利润丰厚。合作社根据合同，决定投资 2 000 万元建设一批日光温室和塑料大棚进行设施桃促早栽培，保证按合同交货。本任务要求精心设计一个设施桃促早栽培方案，并负责实施。

【任务目标】

知识目标　了解桃树树种和品种特性；掌握桃树的生长结果习性及对环境条件的要求；掌握桃树建园技术和促成栽培整形修剪技术。

技能目标　能够根据市场需求和品种特性进行桃设施促早栽培技术方案设计；能够发现和分析栽培过程中的问题，并提出解决办法。

素养目标　在任务完成过程中，树立正确的使命感、担当感以及科学观；培养高度的行业自豪感以及藏果于技的制度自信；树立正确的园艺行业发展观。

【背景知识】

桃树属于蔷薇科桃亚属，品种多。近几年，水蜜桃、蟠桃、油桃、观赏桃竞相走向市场，桃树栽培得到了不同规模的发展。桃树以其树体相对矮小、进入结果期快、成熟早、管理较为简单、无公害无污染等特点，从 20 世纪 90 年代初起，设施栽培的面积就得到不断发展。在生产中，受环境条件的限制，桃树露地栽培具有区域性，加之桃果实耐储运性差，市场供应季节性强，且随着人们生活水平的提高，对桃树果实的需求日趋多样化、周年化和高档化。因此，进行设施桃栽培具有重要意义。

活动一　桃种类和常见品种认知

1. 活动目标 >>>

掌握测定桃品种特性的方法；能够识别南方主要桃优良品种；能够指导生产中桃树品种的选择。

2. 活动准备 >>>

将班级学生分为若干小组，每组配备不同品种的桃挂图、浸润标本和果实以及水果刀、台秤、榨汁机、果实硬度计、游标卡尺、卷尺、天平和手持折光仪等。

3. 相关知识

我国桃栽培品种繁多，根据地理分布、果实形状和用途，可划分为北方品种群、南方品种群、黄肉桃品种群、蟠桃品种群、油桃品种群5个品种群。南方品种群又可分为水蜜桃和硬肉桃两类。优良品种选择是桃园生产的基础性工作，是桃优质生产的保证。

1）主要种类

桃亚属共有6个品种，即普通桃、新疆桃、甘肃桃、光核桃、山桃和陕甘山桃。

（1）普通桃，又名毛桃。我国主要栽培品种都属于此品种。该品种有蟠桃、油桃和寿星桃等变种。

（2）新疆桃，在我国新疆栽培，中亚地区也有大量栽植。因这一品种果实不耐运输，所以主要作为地方品种生产。

（3）甘肃桃，分布于我国陕西、甘肃、湖北、四川等地，生长于海拔 1 000 ~ 2 300 m 的山地。甘肃桃为野生，抗旱耐寒，在西北地区多作为桃的砧木，也可供观赏。

（4）光核桃，分布于我国西藏高原及四川等地。光核桃为高大乔木；果小可食用，核壳光滑。

（5）山桃，发布于我国西北、华北及东北等地区。山桃为野生，抗逆性强，为北方主要砧木。

（6）陕甘山桃，分布于我国陕西、甘肃、山西等地。陕甘山桃是西北地区核果类果树重要砧木，也可供观赏。木材质硬而重，可做各种细工及手杖。果核可做玩具或念珠。种仁可榨油供食用。

2）主要品种

设施桃栽培主要选择树冠矮小、植株紧凑、易成花、结果早、自花结实率高的品种进行设施栽培。温室促早栽培主要以早熟品种为宜。在设施内选定一个主栽品种，搭配 1 ~ 2 个与主栽品种花期相遇、花粉量大的品种进行授粉，满足结果需求。

（1）普通桃。

早霞露。单果质量为 75 ~ 90 g。果皮为淡绿白色，顶部有少量红晕。果肉为乳白色，味较甜，含可溶性固形物 8% ~ 11%。在南京地区一般 5 月 23 日—6 月 2 日成熟。

雪雨露。单果质量为 109 g 左右。果皮底色为浅绿白色，果顶有红晕分布。果肉呈白色，含可溶性固形物 11% ~ 14%，粘核。一般 6 月 16—18 日成熟。

玫瑰露。单果质量为 100 g 左右。果皮底色为淡绿白色，全果着玫瑰红色，外观美丽。

果肉呈白色且柔软多汁，带有香气，含可溶性固形物8%～11%，粘核。6月上、中旬成熟，属早熟品种。

白凤。从日本引进。单果质量为117 g左右。果实呈圆形且略扁，果顶圆。果皮乳白，稍带黄绿，有红晕，皮易剥。7月上旬成熟。

（2）油桃。

曙光。单果质量为92～110 g左右。果皮底色为浅黄色。全果着鲜红色，有光泽，含可溶性固形物13%～14%。休眠期需冷量在650～700 h，无裂果。适合塑料大棚栽培。

艳光。单果质量为120 g左右。果皮底色为白色，全果着玫瑰红色，艳丽美观，果肉呈乳白色，风味甜，品质优，裂果少。5月下旬成熟。

中油5号。单果质量为150 g左右。果实为鲜红色，外观美，风味浓甜，耐储运。5月下旬—6月初成熟。

中油7号。果实近圆形。单果质量为150 g左右。果皮底色为黄色，全果着鲜红色，外观秀丽，肉白味甜。耐储运。7月中旬成熟。

（3）蟠桃。

早硕蜜。极早熟蟠桃品种。单果质量为85 g左右，最大果质量为138 g左右。果面有玫瑰红晕，果肉为白色，含可溶性固形物12.5%。5月下旬成熟。早果性好，3年生树株产10 kg以上。树势中庸，异花授粉，需配置授粉树。

新红早蟠桃。单果质量为88g左右，最大果质量为130 g左右。果实扁平，果皮底色为乳白色，果面大部着鲜艳的玫瑰红色点或晕，半离核。5月下旬成熟。

早魁蜜。单果质量为140 g左右，最大果质量为188 g左右。外观美，果皮为乳白色，肉质柔软多汁，风味甜，品质佳。6月中下旬成熟。需配置授粉树。

4. 操作规程和质量要求

（1）教师布置桃优良品种识别任务。

（2）将班级学生分为若干小组，按照教师要求，测定桃果实外观性状和内在品质，具体如下所述。

外观性状。单果质量（随机取10～20个品种果实，称量测定单果平均质量）、果实形状（圆形、扁圆形、长圆形等）、果形整齐度（主要观察果顶是否平整、缝合线深浅及两半部对称情况）、果实整齐度（观察同品种果实之间的大小是否一致）、果皮底色（目测果皮底色，如绿、黄绿、黄、黄白、白等）、果面着色（目测果面颜色，如鲜红、淡红、紫红等）、着色度（目测果面着色度，如全红、半红等）。

内在品质。果皮剥离难易程度（用手指试剥，如易剥离、不易剥离等）、果肉颜色

（用刀切开果实，观察果肉的颜色，如白色、黄白色、黄色等）、果肉质地（品尝及手感测定，如柔软、柔韧、脆硬等）、粘离核情况（如粘核、半离核、离核等）、风味（品尝，如酸、酸甜、甜等）、可溶性固形物含量（用测糖仪测定可溶性固形物含量）、综合评定果实品质（如极上、上、中上、中等）。

（3）学生按照任务实施流程及操作步骤，认真完成任务报告，具体如表4-1所示。

表4-1　桃优良品种识别任务报告

桃品种	项目													
	外观性状							内在品质						
	单果质量	果实形状	果形整齐度	果实整齐度	果皮底色	果面着色	着色度	果皮剥离难易程度	果肉颜色	果肉质地	粘离核情况	风味	可溶性固形物含量	综合评定果实品质

（4）教师依据工作态度、工作质量、工作效率等进行过程性和结果性考核。

5. 问题处理 ≫

通过查阅资料，探索思考适合设施栽培的桃品种有哪些？选择依据是什么？

活动二　桃树生物学特性和物候期观察

1. 活动目标 ≫

初步掌握桃树的生长结果习性，并能进行桃树的物候期观测。

2. 活动准备 ≫

将班级学生分为若干小组，每组配备当地桃幼树、盛果树和衰老更新树的正常植株以及放大镜、计数器、卷尺、镊子、铅笔和标签牌等用具。

3. 相关知识

1）根

桃树属于浅根系树种。一般垂直分布，集中在 10 ~ 40 cm 土层中，水平分布一般与树冠冠径相近或稍广。

桃树根系好氧性强、耐旱忌涝，适合在疏松、排水良好的沙壤土上生长。过于黏重的土壤上的桃树易患流胶病、易徒长。在年周期中，桃树根系无自然休眠现象。桃树根春季生长较早，在 0℃ 以上能顺利地吸收并同化氮素，当地温达 5℃ 左右时即有新根开始生长，在 7.2℃ 时营养物质可向上运输，15 ~ 22℃ 是根系生长的最适宜的温度。地温升至 26℃ 以上时，根系生长受到抑制，夏季被迫休眠。桃树对土壤含盐量很敏感，耐盐力弱。桃树在微酸性至微碱性土壤中（pH 值为 5.0 ~ 8.2）均可栽植，但以 pH 值 5.2 ~ 6.8 最为适宜。

2）芽

桃树的芽按不同的分类方法可分为多种类型。

（1）按性质划分，可分为叶芽和花芽（见图 4-1）。叶芽瘦小，花芽较饱满。桃树枝条顶芽均为叶芽，只抽生枝条；花芽为纯花芽，只开花结果，不抽生枝条。

（2）按枝条每个节上着生芽的多少可分为单芽和复芽。单芽只有一个叶芽或花芽；复芽有一个叶芽和数个花芽。桃芽具有早熟性，即当年的芽，当年即可萌发成二次枝、三次枝和四次枝，同时当年抽生的枝条均可形成花芽。

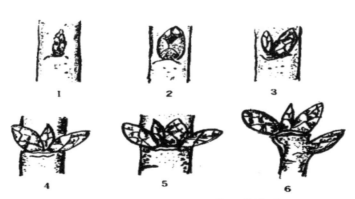

图 4-1　桃树叶芽和花芽及其排列

1—单叶芽；2—单花芽；3—双芽；4—三芽；5—四芽；6—短果枝

3）枝条

桃树的枝条按其功能可分为生长枝与结果枝（见图 4-2）。根据生长势的不同，生长枝可分为发育枝、徒长枝、叶丛枝。发育枝生长中庸、组织充实、芽饱满，枝条长为

40 ~ 60 cm，有大量的 2 ~ 3 次枝；徒长枝节间生长不充实，长达 1 m 以上，其上多发二次枝；叶丛枝极短，长约 1 cm，只有一个顶叶芽，萌芽时形成叶丛，不结果。

图 4-2　桃树枝条类型

1—徒长枝及顶端二、三次枝；2—普通生长枝；3—长果枝；4—中果枝；5—短果枝；

6—花束状短果枝；7—纤弱枝；8—单芽枝

（图片来源：郭正兵，2021，《果树生产技术（南方本）》）

结果枝可分为徒长性结果枝、长果枝、中果枝、短果枝、花束状短果枝。徒长性结果枝生长势强，长度常在 50 cm 以上，枝的下部多为叶芽，上部为复芽，并发生二次枝，结果力差，可以采用拉枝或轻扭伤、冬剪时环割、多留果等措施稳果。长果枝生长适宜，长度为 30 ~ 35 cm，无二次梢，基部为叶芽，中部复花芽多，结果可靠，是桃树最主要的结果枝。中果枝枝条较细，长度在 10 ~ 25 cm，以着生单花芽者多，结果后能从顶芽抽发短果枝，寿命短，衰弱树这类枝多。短果枝多着生于基枝的中下部，生长势弱，长度在 10 cm 以下，多为单花芽，结的果实较大；花束状短果枝生长极短，长度不到 5 cm，侧芽为紧密排列着的花芽，顶芽为叶芽，结果后易枯死。

4）开花

当平均气温在 10℃ 以上时桃树开花，保护地内从萌芽到开花期间的平均气温越高，花期越早。桃树的花期一般延续时间为快者 3 ~ 4 d，慢者 7 ~ 10 d。花期温度不稳，特别是遇到 0℃ 左右低温时，花器极易受冻。

5）果实的发育

桃果实是由子房壁发育而成的。果实由三层细胞构成，中果皮细胞发育成可食部分的果肉，内果皮发育成坚硬的果核，外果皮的表皮细胞发育成果皮。桃果实发育过程中出现两次迅速生长期，中间有一次缓慢生长期。

（1）第一期为果实快速生长期，从子房膨大至核硬化前，约为花后 40 d，此期细胞迅速分裂，细胞数大量增加，果实的体积和质量均增加迅速。

（2）第二期为果实缓慢生长期，自核层开始硬化至硬化完成，此期胚进一步发育，但果实的体积增长缓慢。通常一般早熟品种较短，晚熟品种较长。

（3）第三期为果实第二次快速生长期。自核层硬化完成至果实成熟为止，果实的膨大主要由于细胞间隙的发育。

4. 操作规程和质量要求

（1）布置任务。

教师布置桃树枝芽特性和物候期调查任务（具体要求参考任务描述，各地根据实际条件调整），分小组协作完成，每小组 3 ~ 4 人。

（2）桃树枝芽特性和物候期调查。

采取实地调查与查阅文献资料相结合的方式对当地的桃园进行调查，具体内容如下所述。

桃树枝条类型。根据枝条性质、枝条年龄、枝条抽生季节分类。

桃树芽类型。根据芽的性质、芽的着生位置、芽的结构、同一叶腋芽的位置和形态、同一节所生芽数分类。

（3）完成报告。

学生按照任务实施流程及操作步骤，认真完成任务报告，具体如表 4-2 所示。

表 4-2　桃树枝芽特性和物候期调查任务报告

学生姓名：　　　　　　　　班级：　　　　　　　　学号：
绘制桃树体并标出地上部分枝组类型

续表

桃树枝条类型			桃树芽类型				
根据枝条性质分类	根据枝条年龄分类	根据枝条抽生季节分类	根据芽的性质分类	根据芽的着生位置分类	根据芽的结构分类	根据同一叶腋芽的位置和形态分类	根据同一节所生芽数分类

物候期	时间	物候期	时间

5. 问题处理

通过查阅资料，探索桃树生物学特性和物候期对授粉与结果的意义。

活动三　设施桃建园和栽植技术

1. 活动目标

掌握桃园规划与设计的主要内容；掌握桃树定植和栽植技术。

2. 活动准备

将班级学生分为若干小组，每组配备皮尺、土壤钻、pH 试纸、铁锹以及一定规格的桃树苗。

3. 相关知识

1）设施的建立

设施选址。设施一般建在背风向阳、土质肥沃、土层深厚、取水用水方便、便于排灌且交通方便的地方。应从光、水、肥、气热等因素综合考虑，南方地区单栋式塑料大棚面积一般以 400 m² 较为合适，北方地区则以 600 ~ 800 m² 为宜。

日光温室。目前，国内日光温室主要采用由沈阳农业大学等单位承担开发的辽沈系列 I 型日光温室。

塑料大棚。塑料大棚由钢筋、钢管或两种材料相结合焊接而成的平面拱架作为支撑。一般长为 30 ~ 60 m，跨度为 8 ~ 12 m，脊高为 2.6 ~ 3 m，拱距为 1 ~ 1.2 m。纵向各拱架间用拉杆或斜交式拉杆连接固定形成一个整体。拱架上覆盖聚乙烯或聚氯乙烯薄膜，拉紧后用压膜线或 8 号铅丝压膜，两端固定在地锚上。冬季防寒多采用厚约 5 cm 的草帘，也可采用保温被。视条件可在设施前挖宽为 30 ~ 40 cm 的防寒沟并在其内填草或保温材料。

2）园区与设施规划

土壤改良。设施内土壤必须经改良后方可栽植桃树苗。桃树苗进棚定植前，结合土壤深翻，每个温室施入充分腐熟的鸡粪 3 000 kg 或土杂肥 4 000 kg，氮、磷、钾复合肥 100 kg，土肥混匀后翻耕备用。

起垄栽植。设施内桃树栽培常采取台式栽培体系。垄台规格：上宽为 40 ~ 60 cm，下宽为 80 ~ 100 cm，高为 60 cm。用人工配制的基质堆积而成，人工基质本着"因地制宜、就地取材"的原则，利用粉碎和腐熟的作物秸秆、锯末、炭化稻壳、草炭、食用菌下脚料、山皮土及其他的有机物料，并混入一定的肥沃表土和优质土杂肥。苗木定植后每垄设置一条滴灌或渗灌管，覆盖地膜。

3）栽植密度

为了提高设施桃的生产能力，可采取固定株行距进行密植方式栽植。定植的行向一般为南北行向，株行距一般为 1.0 m × 1.25 m 或 1.0 m × 2.0 m，即每亩可植 330 ~ 550 株。也可根据植株发育状况变化密植方式，即前期密、后期稀，充分利用设施内的土地，以便早期丰产。第三年树冠郁闭时，可隔行隔株间伐，加大株行距。

4）苗木选择

设施桃栽植要选择生长健壮、芽眼饱满、根系发达的苗木，栽植这类苗木的优点是树冠扩展快、易整形。在加强肥、水、病虫害防治、夏季修剪等管理后，当年可形成大量花芽，第二年可获得较高的产量和收入。为了保证日光温室中植株整齐、健壮，提倡先将苗木装入容器抚育一段时间再进棚定植，这样可选取长势健壮、大小一致的植株，使定植成活率高，且不用缓苗。

近年来，因栽培及种苗繁育技术的提升，设施内提倡定植 2～3 年生优质大苗。选择具有一定树形结构和一定花芽的中庸健壮大苗，可实现早产、早丰，提高设施栽培前期的收益，只是栽植时要适当加大株行距。

5）栽植时期与栽植方法

南方地区多在秋冬季 11—12 月定植，这有利于根系早日恢复，待来年春季温度回升，立即进入正常生长，几乎无缓苗期。定植苗木时按规划好的株行距挖浅坑进行栽种，埋土后注意提苗并踩实，有利于根系与土壤紧密结合，尤其要注意埋土位置不要超过嫁接口部位，最后对树盘浇水时要浇透，待水渗下后，按台式栽培要求修建栽植台。设施内由于栽植密度较大，可成行覆盖地膜，这样能够迅速提高地温、促进发根，同时可以缩短缓苗时间，减少除草的用工量。

6）授粉树的配置

多数设施内选择的桃树品种自花结实率比较高，但经异花授粉后植株的产量和品质均会提高，故应合理配置授粉树。授粉品种要求能与主栽植品种同时进入结果期，且寿命长短相近，并能产生经济效益较高的果实，最好选择能与主栽植品种相互授粉而果实成熟期相同或先后衔接的品种。授粉品种与主栽品种可采取 1∶2 或 1∶4 的成行排列栽植，将来隔行间伐后仍然是 1∶2 或 1∶4 的成行排列。

4. 操作规程和质量要求 >>>

（1）布置任务。

教师布置桃园规划和桃树定植任务（具体要求参考任务描述，各地根据实际条件调整），分小组协作完成，每小组 3～4 人。

（2）桃园规划和桃树定植。

以当地某一日光温室（塑料大棚）或校内基地日光温室（塑料大棚）为已定园区地址进行桃园规划，并在教师指导下进行桃树定植。

（3）完成报告。

学生按照任务实施流程及操作步骤，认真完成任务报告，具体如表 4-3 所示。

表 4-3　桃园规划和桃树定植任务报告

学生姓名：		班级：		学号：	
园地选择	园区地址		园区地形		
	园地海拔		园地坡度		
	地下水位高度		园地面积		
园地规划设计	小区个数		小区面积		
	主路宽度		支路宽度		
	作业道宽度		道路 / 园区面积		
	明沟 / 暗沟排水		主排水沟沟面宽		
	主排水沟沟底宽		排水沟沟深		
	主支排水沟沟面宽		支排水沟沟底宽		
	支排水沟沟深		灌溉方式		
	是否设置蓄水池		蓄水量		
定植	所用树形		定植品种		
	定植时间		定植沟沟宽		
	定植沟沟深		肥料类型		
	肥料量		株行距		
绘制桃园俯瞰图					

5. 问题处理

通过查阅资料，探索桃树建园对园区地址有什么要求。

活动四 桃树整形修剪技术

1. 活动目标

掌握设施桃树栽培常用树形和整形技术；掌握设施桃树促成栽培修剪技术。

2. 活动准备

将班级学生分为若干小组，每组配备修枝剪、手锯和伤口保护剂。

3. 相关知识

整形修剪是调整植株生长势、实现树体营养生长和生殖生长平衡的重要调控手段之一，通过整形修剪可以控制树冠、调整枝条密度、创造良好的通风透光条件，使桃树在有限的设施空间内生长良好和结果。设施内高密度栽植桃树树体的管理，必须能有效地控制树冠的高度与冠幅，使每株树都能在有限的空间里正常生长和结果。因此，设施内桃树采用的树形与露地桃树树形不同。设施内桃树的树形必须具有成形快、树冠矮小、紧凑、有效结果枝多、骨干枝少等特点。

1）常用树形

（1）多枝组丛状形。

为了增加第一年设施内桃树有效结果枝数量，简化树体管理与操作规程、降低管理成本，定植当年的设施桃树可采用多枝组丛状形，第二年采果后通过采后修剪可将该树形改造成小冠开心形或纺锤形。

基本结构。树干高 30 ~ 40 cm，每株树上着生 4 ~ 5 个枝组，每个枝组上着生 4 ~ 5 个中长结果枝（见图4-3）。

整形过程。桃树苗萌芽后，剪口 20 cm 以下的芽全部抹除，在剪口下 20 cm 范围内均匀保留 5 ~ 6 个芽，新梢抽生后任其自然生长。由于桃树具有芽的早熟性，保留芽抽生的新梢生长到一定的速度后，每个新梢上均可抽生多

图4-3 多枝组丛状形示意图

（图片来源：边卫东，2016，《设施果树栽培》）

个二次梢，形成枝组，完成多枝组丛状形树的培养。但应注意，有些苗木定干后只抽生 2 ~ 3 个新梢，达不到所需的 5 ~ 6 个。对于此类型的树，当新梢长到 15 ~ 20 cm 时每个新梢保留 10 cm 左右进行剪梢，促生二次梢；当二次梢长到 10 cm 时每株保留 5 ~ 6 个强壮新梢，其余全部疏除；保留的 5 ~ 6 个新梢自然生长，完成多枝组丛状形树的培养。

（2）小冠开心形。

基本结构。无直立中心领导干，干高 30 ~ 40 cm，每株树上着生 3 个小主枝。主枝基角 40°~ 45°，腰角 60°~ 80°。在每个小主枝上着生短轴（10 ~ 15 m）中小枝组，每个枝组上着生 2 ~ 3 个中长结果枝（见图 4-4）。

图 4-4　小冠开心形示意图

（图片来源：边卫东，2016，《设施果树栽培》）

整形过程。小冠开心形是在第一年采用多枝组丛状形树体结构的基础上，第二年采果后通过采后修剪改造而成的。

（3）纺锤形。

适合高密度栽培和设施栽培，需及时调整上部大型结果枝组，切忌上强下弱。

基本结构。树干高为 45 ~ 55 cm，树高为 1.2 ~ 2.0 m，在中心干上着生 10 ~ 15 个结果枝组，枝组枝轴长度为 15 ~ 30 cm，每个枝组上着生 3 ~ 4 个中长结果枝（见图 4-5）。

图 4-5　纺锤形示意图

（图片来源：边卫东，2016，《设施果树栽培》）

整形过程。桃树苗萌芽后，剪口 20 cm 以下的芽全部抹除，在剪口下 20 cm 范围内均匀保留 4 ~ 5 个芽。当保留芽抽生的新梢长到 30 ~ 40 cm 时，选一直立生长、生长势强的新梢作为主干延长梢并摘心，下部 3 ~ 4 个侧向生长的新梢保留 10 ~ 15 cm 剪梢。主干延长梢摘心，下部侧向生长新梢剪梢后可刺激抽生二次梢，增加枝量。摘心后的延长梢仍选一生长势强的直立新梢作为中心领导干延长梢向上生长，下部抽生的新梢作为结果枝培养。

到 6 月中旬，如果延长梢生长到 50 cm 左右，可进行二次摘心，促发三次梢，增加枝量。

2）修剪技术

修剪桃树应按照桃树的修剪特性来进行，如生长结果习性、生长势的强弱及不同年龄时期对修剪的要求等，以改善树体的通风透光条件，调节生长和结果的关系，抑制树冠上部枝条的旺长，增强树冠下部枝条的生长势，控制结果部位的上移和外移，及时更新复壮衰老的枝条，使树体提早结果，延长盛果期的年限，达到丰产的目的。

（1）骨干枝修剪。

主侧枝延长枝一般在栽后第一年剪留 50 cm 左右，第二年剪留 50 ～ 70 cm，盛果期剪留 30 cm 左右。侧枝延长枝的剪留长度为主枝延长枝的 2/3 ～ 3/4。当树冠达到应有大小时，通过缩放延长枝的方法来控制树冠大小和树势强弱。骨干枝的角度可通过生长季拉枝、用副梢换头等方法来调整。

（2）结果枝组的培养和修剪。

结果枝组的培养。大型结果枝组一般选用生长旺盛的枝条，留 5 ～ 10 节短截，促使萌发分枝，第二年选 2 ～ 3 个枝短截，其余枝条疏除，3 ～ 4 年即可培养成大型结果枝组。中小型结果枝组一般选健壮的枝条，留 3 ～ 5 节芽短截，分生 2 ～ 4 个健壮的结果枝，便成为中小型结果枝组。

结果枝组的更新。结果枝组生长 3 ～ 4 年后需要更新复壮，更新分为全组更新和组内更新两种。全组更新是培养新的枝组代替衰弱的枝组。组内更新是在枝组内培养预备枝，同时在壮枝处回缩，使枝组得到更新。

结果枝组的配置。桃树以培养大、中型结果枝组为好。大型结果枝组主要排列在骨干枝背上向两侧倾斜，骨干枝背后也可以配置大型结果枝组；中型结果枝组主要排列在骨干枝的两侧，或安插在大型枝组之间；小型结果枝组可安排在大中型结果枝组之间，有空即留，无空则疏。

（3）结果枝更新修剪。

结果枝更新修剪常用以下修剪方法。

单枝更新修剪。对健壮的结果枝按负载量留定长度进行短截，使其在结果的同时抽生新梢，冬剪时选留靠近基部发育充实的枝条作为结果枝，其余枝条连同母枝全部剪掉，选留的结果枝按结果枝修剪的要求进行短截。此方法适于壮旺树，是当前应用较多的方法。

双枝更新修剪。在同一母枝上，选留相邻的两个结果枝，上枝留 5 ～ 6 节花芽结果，下枝留 2 ～ 3 节作为预备枝，使其抽生壮枝。冬剪时疏掉结过果的枝，对预备枝上发出的壮枝再选留两个枝按上年的修剪方法进行修剪。如此每年进行，可稳定枝组高度，保持结果枝的连续结果能力，但连续应用效果并不理想。

三枝更新法修剪。在同一母枝上，选留邻近的三个结果枝，一枝短截结果枝。一枝长放，促使萌发多数短枝，一枝留 2～3 芽重短截作为预备枝，促使生长发育枝。冬剪时把已结过果的枝疏掉，长放枝适当短截，选留几个短结果枝结果。预备母枝上长出的发育枝，一个长放，一个重短截，如此轮流结果。此方法适用于以短结果枝结果为主的品种。

4. 操作规程和质量要求

（1）布置任务。

教师布置桃树树形调查和树体修剪任务（具体要求参考任务描述，各地根据实际条件调整），分小组协作完成，每小组 3～4 人。

（2）桃树树形调查和树体修剪。

采取实地调查与查阅文献资料相结合的方式对当地的桃园树形进行调查，并在教师指导下实施树体修剪。

（3）完成报告。

学生按照任务实施流程及操作步骤，认真完成任务报告，具体如表 4-4 所示。

表 4-4　桃树树形调查和树体修剪任务报告

学生姓名：		班级：		学号：		
绘制桃树小冠开心形树体结构图，并指出各部分的名称						
描述桃树纺锤形整形过程						
品种	树龄	种植密度（株行距）	生长势（强 / 弱 / 一般）	负荷能力（产量）/ kg	树体结构调整	结果枝组修剪数 / 枝	其他枝条修剪

（4）教师依据工作态度、工作质量、工作效率等进行过程性和结果性考核。

5. 问题处理 ▷▷▷

总结归纳桃树整形修剪的基本手法及作用。

活动五　设施桃树病虫害诊断和综合防治

1. 活动目标 ▷▷▷

掌握设施桃主要病虫害的症状特点及主要害虫的形态特征和为害状况；根据设施桃主要病虫害发生规律，拟订并实施综合防治方案。

2. 活动准备 ▷▷▷

设施桃病虫害的蜡叶标本、新鲜标本、盒装标本或瓶装浸渍标本，病原、菌玻片标本，害虫的浸渍标本、针插标本、生活史标本及为害标本；照片、挂图、光盘及多媒体课件，图书资料或害虫检索表；显微镜、载玻片、盖玻片、挑针、吸水纸、镜头纸、纱布等观察病原物的仪器、用具及药品；常用杀菌剂、杀虫剂、喷雾器及其他施药设备等。

3. 相关知识 ▷▷▷

对于设施桃栽培，环境相对密闭，并可对多种生态因素进行人为调节，因此各种病虫害的发生与传播可受到有效控制，但仍不能忽视少量病虫害的发生。主要病害有细菌性穿孔病、炭疽病、褐腐病、疮痂病等；主要害虫有蚜虫、桃小食心虫、桃蛀螟和梨小食心虫等。

1）设施桃主要病害

细菌性穿孔病。叶、果、枝梢均可发病，叶片发病形成斑点，以后病斑干枯形成穿孔，严重时引起早期落叶（见图4-6）。

炭疽病。该病主要危害果实，也可危害叶片和新梢（见图4-7）。幼果于硬核前开始染病，病斑呈红褐色，中间凹陷。被害果除少数残留于枝梢外，绝大多数脱落。成熟期果实发病，病斑凹陷，具有明显的同心环纹和粉红色稠状分泌物，并常融合成不规则的大斑，最后果实软腐，多数脱落。

图 4-6 细菌性穿孔病

图 4-7 炭疽病

褐腐病。褐腐病危害桃树的花、叶、枝梢及果实，以果实受害最重（见图 4-8）。开花期及幼果期低温高湿以及果实成熟期温暖高湿都会致使发病严重。

疮痂病。该病又称黑星病、黑斑病、黑点病，主要危害果实（见图 4-9），也会危害枝梢和叶片。果实初发病时病斑呈绿色水渍状小点，然后病斑逐渐扩大呈墨绿色，一些病斑合在一起。病斑周围的果皮着色，但常带绿色。病斑只限于果皮，不深入果肉。后期病斑木栓化，龟裂。

图 4-8 褐腐病

图 4-9 疮痂病

2）设施桃主要害虫

蚜虫。为害桃树的蚜虫主要有桃蚜、桃粉蚜和桃瘤蚜三种。蚜虫 1 年发生 10 ~ 20 代，新梢展叶后开始为害，有些在盛花期为害花器，刺吸子房，影响坐果（见图 4-10）。

桃小食心虫。该虫为害幼虫蛀果。幼虫孵化后蛀入果实，蛀果孔常有流胶点。幼虫在果内串食果肉，形成"豆沙果"，并在果实上留蛀果孔（见图 4-11）。

图 4-10 蚜虫

图 4-11 桃小食心虫

桃蛀螟。幼虫先在果梗周围吐丝蛀食果皮，逐步蛀入果肉，从蛀孔中流出黄褐色透明胶液，蛀孔周围留有大量红褐色虫粪，幼虫老熟后在蛀孔周围结茧化蛹，有的在被害果内化蛹（见图4-12）。

螨类。螨类主要有山楂红蜘蛛和二斑叶螨，以幼螨、成螨群集在叶背取食和繁殖。严重时会造成大量落叶，影响花芽分化。

梨小食心虫。幼虫孵化后，先在产卵附近啃食果皮，然后蛀果，蛀孔部位未见明显规律。高龄幼虫蛀入果核内为害，能多次转果为害。果内幼虫老熟后，脱果前先咬一脱果孔，排出少量粪便后便脱果，寻找适宜场所静止，吐丝成茧化蛹其中。也有一部分幼虫直接在落果内作茧化蛹（见图4-13）。

图 4-12　桃蛀螟

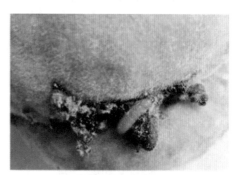

图 4-13　梨小食心虫

3）设施桃病虫害综合防治

（1）农业措施。

合理布局，清扫干净枯枝落叶，全面改善桃园田间环境，减少病虫害发生。配合修剪，切断病虫害枝条；雨季及时排干，适量施肥和浇水，促使树体健壮，减少病虫害。

（2）物理诱杀。

黄板诱杀。用信息素黄板防治田间的桃蚜、螨类、叶蝉等刺吸式口器害虫。数量为1～2片/棵，可以直接悬挂于叶片稀疏的枝条上。当诱虫板上粘的害虫数量较多时，用钢锯条或木竹片及时将虫体刮掉，可重复使用。

杀虫灯诱杀。在桃园中安装杀虫灯，诱集有趋光性的害虫，如金龟子、卷叶蛾等。

糖醋液诱杀。将红糖：食醋：白酒：水=5：20：2：80的糖醋液倒入容器中（倒1/3即可），悬挂于行间树阳下，距地面1.5 m，3～5 d加一次液体。该方法对防治潜叶蛾、桃小食心虫、桃蛀螟、桃红颈天、金龟子等害虫效果显著。

（3）生物防治。

利用害虫的天敌，例如赤眼蜂，瓢虫，草蛉等。

使用生物及其产品。在冬季修剪后和春季萌动前，用30% 石硫·矿物油微乳剂500～600

倍液喷雾全园。不仅能有效杀灭各种病毒、病菌、越冬害虫和虫卵，减少次年或全年病虫基数，而且能提高树体活性，使树体表面形成一定保护膜，增强树体对冻害、霜害和病菌侵染的抗性，使果树安全越冬。

利用外源性激素诱杀。在每年 5 月中旬到 6 月初，桃蛀螟羽化前，在桃园中悬挂安装有桃蛀螟诱芯的诱捕器 1 套 /hm²（1 hm²=1×10⁴m²），监测到桃蛀螟成虫后，增加诱捕器数量至 45 ~ 75 套 /hm²；在每年 3—4 月中下旬，果园中梨小食心虫越冬代开始活动前，在桃园中安装有梨小食心虫诱芯的诱捕器 1 套 /hm²，监测到梨小食心虫成虫后，增加诱捕器数量至 45 ~ 75 套 /hm²。可通过信息素诱芯诱集越冬代、第一代梨小食心虫成虫；其他桃树上常见害虫，如桃小食心虫、苹小卷叶蛾、桃潜叶蛾等，可以采用相应的昆虫信息素诱芯进行防治，防治时使用的方法和数量参考桃蛀螟和梨小食心虫。

（4）科学用药。

桃细菌性穿孔病。可在展叶后用硫酸锌 1 kg、消石灰 4 kg、水 240 kg 混合成硫酸锌石灰液每隔 7 ~ 10 d 喷一次，前后喷 2 ~ 3 次，效果良好。

桃褐腐病。须在花落后 10 d 起每隔半个月喷 0.3°Bé（波美度，是一种表示溶液浓度的方法）的石硫合剂或 1 000 倍退菌特。

桃炭疽病。春季萌芽前（3 月初）对树体喷洒 3 ~ 5°Bé 的石硫合剂。在花前和花后分别用 80% 乙生可湿性粉剂 600 ~ 750 倍液和 10% 世高 800 ~ 1 000 倍液交替喷施 2 次。在初果期和果实膨大期的 45 d 内，用 10% 世高 800 倍液和 80% 乙生 600 倍液或 80% 代森锰锌 600 ~ 800 倍液（70% 甲基托布津 800 倍液）与美绿先锋的混合液交替喷雾。用药时最好加上倍加威等黏着剂以加强药力，每隔 10 d 喷 1 次，即可收到很好的效果。在桃树的生长季节，应尽量少用福美砷、退菌特类药物，以免发生药害。

4. 操作规程和质量要求

（1）布置任务。

教师布置设施桃病虫害调查和综合防治任务（具体要求参考任务描述，各地根据实际条件调整），分小组协作完成，每小组 3 ~ 4 人。

（2）设施桃树病虫害调查和综合防治。

采取实地调查与查阅文献资料相结合的方式对当地的设施桃病虫害进行调查，并在教师的指导下制订设施桃常见病虫害综合防治方案，具体如表 4-5 所示。

表 4-5　设施桃常见病虫害调查和综合防治

工作环节	操作规程	质量要求
设施桃常见病害症状和病原菌形态观察	1. 主要观察桃树穿孔病、褐腐病、炭疽病、疮痂病的田间为害特点、发病部位及病斑的形状、颜色、表面特征等; 2. 制片观察病原物形态特征,查阅资料对病原类型及病害种类做出诊断	注意观察桃树褐腐病和炭疽病症状的区别
设施桃病害防治	1. 调查当地设施桃主要病害的发生和为害情况及防治技术,找出防治过程中存在的问题; 2. 根据设施桃主要病害的发生规律,结合当地生产实际,提出有效的防治方法和建议	1. 发生和为害情况调查:一个地区一定时间内的病害种类、发生时期、发生数量及为害程度等; 2. 综合防治要全面考虑经济、社会和生态效益及技术上的可行性
设施桃害虫形态特征和为害特点观察	观察桃蚜螨、桃小食心虫等害虫的形态特征和为害特点	注意比较不同害虫为害状况的区别
设施桃主要害虫防治	1. 调查当地设施桃主要害虫的发生和为害情况、主要防治措施和成功经验,提出改进意见; 2. 选择 2~3 种设施桃主要害虫,提出符合当地生产实际的防治方法	1. 发生及为害情况调查:一个地区一定时间内病害的种类、发生时期、发生数量及为害程度等; 2. 综合防治要全面考虑经济、社会环境和生态效益及技术上的可行性

5. 问题处理 ⟫

活动结束以后,完成以下问题。

（1）描述所观察的设施桃常见病害的典型症状特点。

（2）拟订 2~3 种设施桃病虫害综合防治方案。

任务二 设施葡萄生产技术

【任务描述】

　　某五星级酒店向葡萄种植示范园订购一批高档优质葡萄，要求 5 月底 6 月初交货，价格 20 元 /kg。葡萄种植示范园根据合同，决定投资 10 万元建设一批日光温室和塑料大棚进行葡萄促成栽培，保证按合同交货。本任务是精心设计一个设施葡萄促成栽培方案，并负责实施。

【任务目标】

　　知识目标　了解葡萄常见的种类和品种特性；掌握葡萄的生物学特性及对环境条件的要求；掌握葡萄建园技术和促成栽培整形修剪技术。

　　技能目标　能够根据市场需求和品种特性进行葡萄设施促成栽培技术方案设计；能够发现和分析栽培过程中的问题，并提出解决办法。

　　素养目标　在任务完成过程中，提升较强的创造性思维和创新意识；具备利用所学原理灵活解决生产中实际问题的能力；具有独立创业的思维和能力。

【背景知识】

　　葡萄是一种味美且营养价值高的水果，含有大量的葡萄糖、果糖和对人体有益的矿物质。葡萄适应性广、结果早、易丰产，成熟期也较早，并且一年可以多次结果，非常适于设施栽培。葡萄通过设施栽培，不仅能使其浆果提早或延迟成熟上市，调节市场供应，满足人们的需要，而且能获得高产、稳产的栽培效果。

葡萄设施栽培管理技术

活动一　葡萄种类和常见品种认知

1. 活动目标

掌握测定葡萄品种特性的方法；能够识别南方常见葡萄优良品种；能够指导生产中葡萄品种的选择。

2. 活动准备

将班级学生分为若干小组，每组配备不同品种的葡萄挂图、浸润标本和果实以及水果刀、台秤、榨汁机、果实硬度计、游标卡尺、卷尺、天平和手持折光仪等。

3. 相关知识

设施葡萄生产条件与露地栽培差异很大，开展设施栽培时应选择适合设施生态条件、能在设施内正常生长结果的品种。另外，设施栽培投资大、成本高，相应要求有较高的生产收益，因此设施栽培品种的果实外观要艳丽、品质要优良，这样才能有较高的商品价值和经济收益。

1）主要种类

葡萄在分类上属于葡萄科葡萄属，属多年生藤本植物。各种葡萄属按照地理分布和生态特点，一般划分为4大种群：欧亚种群、北美种群、东亚种群和杂交种群。葡萄品种众多，主要源于欧洲种、美洲种及欧美杂种。按有效积温和生长天数常把葡萄分为5类，具体如表4-6所示。这些类型对设施栽培模式的选择具有重要的指导意义。

表4-6　不同葡萄类型对有效积温和生长天数的要求

类型	活动积温 /℃	生长天数 /d	代表品种
极早熟品种	2 100 ~ 2 500	< 110	87-1
早熟品种	2 500 ~ 2 900	110 ~ 125	金亚、金秀、无核白鸡心
中熟品种	2 900 ~ 3 300	125 ~ 145	巨峰、藤稔、红脸无核
晚熟品种	3 300 ~ 3 700	145 ~ 160	晚红、夕阳红
极晚熟品种	> 3 700	> 160	秋红、秋黑

葡萄栽培宜选择早熟、大粒、优质的品种，如京亚、京秀、紫珍香、乍娜、凤凰51、洛浦早生、玫瑰牛奶、87-1、矢富罗莎、京玉、京优、红双味、无核白鸡心等。延迟栽培宜选择晚熟、大粒、质优、颜色好、易多次结果的品种，如红地球、秋红、秋黑、黑大粒、瑞必尔、泽香、红意大利、玫瑰香、黑奥林等晚熟品种；避雨栽培的宜选择在多雨地区感病较轻、品质优良的欧亚种品种，如玫瑰香、意大利、红意大利、玫瑰牛奶、红地球、秋红、秋黑、黑大粒、瑞必尔、京秀、美人指等。

2）主要品种

京亚。平均穗质量为400 g，平均粒质量为11.5g。果皮呈紫黑色。果肉较软，汁多，味浓，稍具草莓香味，含可溶性固形物15.3%～17.2%。较抗病、易丰产，是葡萄更新换代较为理想的早熟品种之一，较适宜保护地栽培。

87-1。平均穗质量为600 g，平均粒质量为5～6 g。果皮呈深紫色。果肉硬脆，酸度低，含可溶性固形物14%左右，有玫瑰香味，味道纯正。抗病性中等，是适合保护地栽培的极早熟品种之一。

京秀。特早熟品种。平均穗质量为400～500 g，平均粒质量为6g左右。成熟果呈玫瑰红或鲜紫红色，肉厚硬脆，味甜，含可溶性固形物18.2%。品质上等。

藤稔。四倍体，又名乒乓葡萄，巨峰系第三代品种。平均穗质量为500～600 g，平均粒质量为18 g左右，含可溶性固形物18%左右，不易脱粒，但易裂果。

金星无核。欧美杂交种，平均穗质量为350 g，平均粒质量为4.1 g。果皮呈蓝黑色，果粉厚，颇美观，含可溶性固形物15%，无种子。抗病性、抗寒性均强，能适应高湿高温的气候。

森田尼无核。无核欧亚种，中熟品种。平均穗质量为436.3 g，平均粒质量为3.9 g。含可溶性固形物16.6%～18.6%，含酸量0.51%左右，风味浓甜。品质上等。

金手指。欧美杂交种。果穗呈长圆锥形，平均穗质量为750 g，平均粒质量为7.5 g。含可溶性固形物18%～23%，最高达28.3%，有浓郁的冰糖味和牛奶味。品质极上。

紫金早生。欧美杂交种。平均穗质量为400 g左右，平均粒质量为5 g左右。软核，含可溶性固形物17%左右，果肉多汁，有玫瑰香味，酸甜适中。

阳光玫瑰。中熟品种，欧美杂交种。平均穗质量为300～500 g，平均粒质量为6～8 g。果粉厚，果肉较软，含可溶性固形物高达20%以上，有浓郁的玫瑰香味。品质极佳，耐储运。南方地区8月中旬成熟，成熟后果实挂树时间可长达两个月，较适合观光果园应用。

夏黑无核。早熟品种，三倍体，欧美杂交种。经激素处理平均穗质量为500 g左右，果粒近圆形。平均粒质量为6～7 g。果粒着生紧密，果皮呈紫黑色或蓝黑色，含可溶性固形物16%～19%，具有浓郁草莓香味，口感极佳。在江浙地区，7月下旬成熟，萌芽至成熟需115 d。

4. 操作规程和质量要求

（1）教师布置葡萄优良品种识别任务。

（2）学生分组，按照教师要求，测定葡萄果穗、果粒和果汁特性，具体内容如下所述。

①果穗：形状（圆锥形、圆柱形、分枝形等）；长度（使用卷尺测定果穗长度，并记录数值）；平均质量（随机选取 10 ~ 20 个果穗，测定其平均穗质量）。

②果粒：整齐度（观察整个果穗上的果粒的大小和形状是否一致，小青粒多少）；形状（圆形、扁圆形、鸡心形、倒卵形等）；质量（从 10 ~ 20 个果穗上取 20 ~ 100 粒带果蒂而不带果柄的果粒，秤其平均质量，以 g 为单位）；颜色（目测果粒颜色，如紫红色、黄绿色、紫黑色等）；果刷紧密度（拔出葡萄果粒的果刷，感觉果刷与果粒之间的牢固程度）；果皮厚度（口尝测定果皮厚、中、薄）；果肉硬度（口尝感受果肉硬度）。

③果汁：果汁量（口尝感受汁液量）；果汁颜色（不带皮压汁后观察果汁的颜色）；酸甜度（口尝果汁酸甜度，如甜、酸、酸甜等）；香气（闻果汁味道，判断是否有香气）；可溶性固形物含量（用测糖仪测定可溶性固形物含量）。

（3）学生按照任务实施流程及操作步骤，认真完成任务报告，具体如表 4-7 所示。

表 4-7 葡萄优良品种识别任务报告

姓名：		班级：		学号：	
品种名 项目					
果穗	形状				
	长度				
	平均质量				
果粒	整齐度				
	形状				
	质量				
	颜色				
	果刷紧密度				
	果皮厚度				
	果肉硬度				

续表

项目 \ 品种名				
姓名：		班级：	学号：	
果汁	果汁量			
	果汁颜色			
	酸甜度			
	香气			
	可溶性固形物含量			

（4）教师依据工作态度、工作质量、工作效率等进行过程性和结果性考核。

5. 问题处理 ⟩⟩

通过查阅资料，探索思考适合设施栽培的葡萄品种有哪些？选择依据是什么？

活动二　葡萄生物学特性和物候期观察

1. 活动目标 ⟩⟩

初步掌握葡萄的生长结果习性，并能进行葡萄的物候期观测。

2. 活动准备 ⟩⟩

将班级学生分为若干小组，每组配备当地葡萄幼树、盛果树和衰老更新树的正常植株以及放大镜、计数器、卷尺、镊子、铅笔和标签牌等用具。

葡萄植株由地下和地上两部分构成（见图4-14）。地下部分具有发达的根系，地上部分是由茎、叶、花、果实组成。

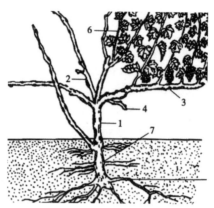

图4-14　葡萄植株的组成部分

1—主干；2—主蔓；3—结果母枝；4—预备枝；5—结果枝；6—发育枝；7—根干；8—侧根

（图片来源：马俊，2009，《果树生产技术》）

1）根

葡萄为肉质根，实生苗根系发达，有明显的主根，分布较深，但主要根系分布在20～60 cm土层范围之内；扦插或压条苗根系分布较浅。葡萄根系在春季土温7℃以上时开始吸收水分，10℃以上时骨干根开始生长，10～15℃时须根大量生长。一般情况下，每年春夏季和秋季有两个生长高峰，以春季发根较多。葡萄根系忌积水，雨季要注意排水。

2）茎与芽

茎。葡萄属藤本植物，茎具攀缘性，由主干、主蔓、侧蔓、结果母枝、结果枝和营养枝构成树冠骨架（骨干）。葡萄的枝蔓生长迅速，新梢的年生长量最长可达10 m，且有多次抽梢的能力。主干上抽生出来的是主蔓，主蔓上的分枝称侧蔓。当年发育良好的新梢，已有混合芽，第二年可抽出结果枝的，称结果母枝。卷须是变态茎，缠绕能力强，于结果无益，应尽早去除。

芽。葡萄蔓上的芽均为腋芽，无顶芽。在新梢上每一个叶腋内具有夏芽和冬芽。夏芽当年抽生，当年萌芽，无鳞片包裹，具有早熟性；冬芽一般当年不萌发，第二年萌发形成主梢，外有鳞片包裹。实际上冬芽内部包含着1个主芽（第二年春萌发为新梢）和若干（3～8个）副芽（隐芽），一般主芽萌发（见图4-15）。但如受刺激或主芽损坏，副芽也可萌发。夏芽当年能萌发形成二次梢，二次梢上又能形成三次梢等。在营养条件合适的情况下，副梢上能形成花序，多次结果，以增加产量。

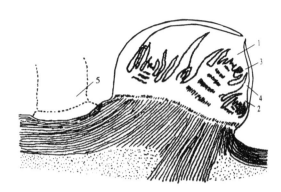

图 4-15　葡萄的冬芽

1—主芽；2—副芽；3—花序原基；4—叶原基；5—已脱落的叶柄

（图片来源：马俊，2009，《果树生产技术》）

3）叶

叶是光合作用和蒸腾作用的器官，葡萄系单叶、互生，掌状，常五裂，也有三裂或全缘的，由叶片、叶柄和托叶组成。托叶在幼叶时起保护作用，一旦展叶即自行脱落。品种间叶的形状、大小、色泽等各不相同，可供品种鉴别。

4）开花

葡萄一般在日平均温度达到 20℃时开始开花，开花早晚与开花前温度关系最密切。在人工气候室内生长的葡萄，白天和夜晚温度分别保持在 14℃和 9℃时，从萌芽到开花需要 70 d，而保持在 37.8℃/32.8℃时只需要 20 d。在自然气候条件下，从萌芽到开花一般需要 6～9 周。

5）果实的发育

葡萄果实发育规律表现为双 S 曲线型。果实的整个发育过程分三个时期。

第一期称第一速生期。授粉受精后，果皮（果肉）与种子的体积与质量快速增加，而胚生长缓慢。幼果日增长量可达 0.82 mm，纵径生长显著大于横径。此时浆果仍保持绿色，果肉硬，含酸量高。大部分葡萄品种这一期需持续 5～7 周。

第二期称缓慢生长期。这一时期浆果的生长速度明显减缓，种皮开始迅速硬化，胚快速生长，即第二期主要表现为胚的发育与核的硬化。浆果酸度达到最高水平，并开始了糖的积累。在缓慢生长期中，叶绿素逐渐消失，浆果色泽开始发生变化。此期一般持续 2～4 周。无核品种这一时期不明显。

第三期称第二速生期。浆果的最后膨大期，以横径增长为主，果实生长量一般小于第一期。果实组织变软，糖的积累增加，酸度减少，表现出品种固有的色泽与香味。此期持续 5～8 周，浆果达到成熟后，即可采收。

4. 操作规程和质量要求

（1）布置任务。

教师布置葡萄生物学特性和物候期调查任务（具体要求参考任务描述，各地根据实际条件调整），分小组协作完成，每小组3～4人。

（2）葡萄生物学特性和物候期调查。

采取实地调查与查阅文献资料相结合的方式对当地的葡萄园进行调查，具体内容如下。

①树体结构及枝蔓的观察：观察其树体结构特点，明确各部分名称：主蔓、侧蔓、结果母枝、结果枝、发育枝、副梢。

②芽的观察：冬芽和夏芽、主芽和后备芽、潜伏芽。

③开花习性观察：观察葡萄花的结构（两性花、雌能花和雄能花）和闭花受精现象。

（3）完成报告。

学生按照任务实施流程及操作步骤，认真完成任务报告，具体如表4-8所示。

表4-8　葡萄生物学特性和物候期调查任务报告

学生姓名：	班级：		学号：	
绘制葡萄树体结构图，并标出地上部分枝蔓类型				
枝蔓类型	主干高度		芽的类型	冬芽
	主蔓数			夏芽
	侧蔓数			主芽
	结果母枝			后备芽
	结果枝			潜伏芽
花	花芽着生节位		花的结构	
物候期		时间	物候期	时间

5. 问题处理

通过查阅资料，探索葡萄生长季如何进行枝蔓管理。

活动三　设施葡萄建园和栽植技术

1. 活动目标

掌握葡萄园规划与设计的主要内容；掌握葡萄栽植技术。

2. 活动准备

将班级学生分为若干小组，每组配备皮尺、土壤钻、pH试纸、铁锹以及一定规格的葡萄苗。

3. 相关知识

1）园地的选择

葡萄对土壤条件的适应性很强，除了极黏重的土壤、沼泽地、重盐碱地不宜栽培外，在各种类型的土壤中均能栽培。另外，葡萄耐盐碱的能力较其他果树都强，土壤中氯化钠含量在0.13%时葡萄生育正常。葡萄适宜的pH值一般为6.0~7.5，低于4时生长显著不良，高于8.3时则容易出现黄叶现象。

但是，葡萄根系生长区是肉质的，而且根系的生长发育需要氧气充足。因此在土壤疏松、通气良好的土壤中，葡萄生长健壮。

2）设施类型与品种的选择

葡萄对高温的忍耐能力比核果类树种强，在整个生长阶段均可忍耐近30℃的高温。因此，葡萄促成栽培适宜于各类栽培设施。如日光温室、带保温材料的大棚或不带保温材料的大棚，塑料膜多层覆盖大棚及现代化温室等。

3）栽植模式

多年一栽制，即一次定植后连续多年进行葡萄生产。这种方式节省苗木和用工，在栽培管理好的条件下可连续多年保持丰产、稳产。多年一栽制既可用于日光温室栽植，又可用于塑料大棚栽植。这种栽培方式的缺点是如果管理不当，葡萄容易早衰，芽眼成熟不好，春天萌芽率低，萌芽整齐度差，果穗小而松，大小粒严重，不能达到商品生产的要求。

4）葡萄栽植

栽植时期。以当地地表 20 cm 处土温达 10℃以上且晚霜刚结束时为最适宜的栽植时期。

栽植密度。多年一栽制采用单臂篱架，株距一般为 1.0 ~ 1.5 m，行距为 1.5 ~ 2.0 m。东西行小棚架单蔓整枝的株距为 1.0 m，行距为 3.0 ~ 4.0 m；双蔓整枝的株距为 1.5 ~ 2.0 m，行距为 3.0 ~ 4.0 m。

挖掘定植沟。定植沟深为 50 ~ 70 cm，宽为 60 ~ 80 cm。挖掘时应将表土和底土分别堆放在定植沟的两侧，挖好后在沟底先填入 10 ~ 15 cm 的碎草、秸秆，然后按每亩施入充分腐熟的有机肥 3 000 ~ 5 000 kg，每 50 kg 有机肥可以混入 1.0 kg 的过磷酸钙作为底肥。肥料与表土混匀后回填沟下部，底土与肥料混匀后回填沟中上部。最上部只回填表土，以免苗木根系与较高浓度的肥土直接接触。多余底土用于做定植沟的畦埂，然后灌水沉实备栽。

苗木处理。将已选好的葡萄苗从定植沟中取出进行检查，剔除具有干枯根群、枝芽发霉变黑或根上长有白色菌丝体的苗木。然后将选出的好苗放入清水中浸泡 12 ~ 24 h。栽前对苗木根系和枝蔓进行适当修剪，枝蔓要保留 5 节。根系最好蘸泥浆。苗木的地上部分要用 5°Bé 的石硫合剂浸蘸消毒。

苗木栽植。苗木准备好后，按株距在回填的定植沟中挖定植穴，深度为 30 ~ 40 cm，直径为 25 ~ 30 cm。将苗木放入栽植穴内，使其根系充分舒展，逐层培土踩实，并随时把苗轻轻向上提，使根系与土壤密接，最后用底土在苗木周围筑起土埂，立即灌水，待水渗下后，铺一层干土，并于第二天铺膜，以减少土壤水分的蒸发及提高地温，促使苗木成活。

4. 操作规程和质量要求

（1）布置任务。

教师布置葡萄园规划和葡萄定植任务（具体要求参考任务描述，各地根据实际条件调整），分小组协作完成，每小组 3 ~ 4 人。

（2）葡萄园规划和葡萄定植。

以当地某一日光温室（塑料大棚）或校内基地日光温室（塑料大棚）为已定园地进行葡萄园规划，并在教师指导下进行葡萄定植。

（3）完成报告。

学生按照任务实施流程及操作步骤，认真完成任务报告，具体如表4-9所示。

表4-9 葡萄园规划和葡萄定植任务报告

学生姓名：		班级：		学号：	
园地选择	园区地址		园区地形		
	园地海拔		园地坡度		
	地下水位高度		园地面积		
园地规划设计	小区个数		小区面积		
	主路宽度		支路宽度		
	作业道宽度		道路/园区面积		
	明沟/暗沟排水		主排水沟沟面宽		
	主排水沟沟底宽		排水沟沟深		
	主支排水沟沟面宽		支排水沟沟底宽		
	支排水沟沟深		灌溉方式		
	是否设置蓄水池		蓄水量		
定植	所用架式		定植品种		
	定植时间		定植沟沟宽		
	定植沟沟深		肥料类型		
	肥料量		株行距		

5. 问题处理

通过查阅资料，探索葡萄园建园对园地有什么要求。

活动四 葡萄整形修剪技术

1. 活动目标

掌握葡萄设施栽培常用树形和整形技术；掌握葡萄促成栽培修剪技术。

2. 活动准备

将班级学生分为若干小组，每组配备修枝剪、手锯和伤口保护剂。

3. 相关知识

1）架式选择

葡萄是蔓生果树，为了充分利用光照和空气条件，争取高产质优，减少病虫害的发生，应根据自然条件、栽培条件、品种特性来选择合适的架式。葡萄的架式有很多，具体可归纳为以下三大类。

柱式架。在每株葡萄树侧面立柱（木杆、水泥杆、铁管等），柱高与树高一致，这种架式树干（主干）高 1 m 左右，在主干上直接着生结果枝组，当年长出的新梢以柱为中心向四周下垂生长（见图 4-16）。

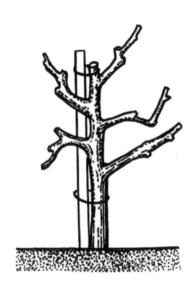

图 4-16　葡萄的柱式架

（图片来源：杜国栋，2016，《设施果树栽培技术》）

篱架。架面与地面垂直似篱笆，所以称为篱架，又称立架。架高依行距而定，行距为 1.5 m 时，架高为 1.2 ~ 1.5 m；行距为 2 m 时，架高为 1.5 ~ 1.8 m。

立架方法：设施内于每一行的两头设定柱。立柱埋入地下 50 ~ 60 cm，然后在立柱上横拉铁线，第一道铁线离地面 60 cm，向上每隔 50 cm 拉一道铁线。将枝蔓固定在铁线上，即每行设一个架面且与地面垂直。因此，这种架式称为单壁立架。

棚架。在立柱上设横梁或拉铁线，架面与地面平行或稍倾斜。整个架像一个荫棚，故称棚架。这种架式在我国应用最多，历史最久。棚架根据构造可分为以下两种。

大棚架，行距在 6 m 以上，架根高 1.5 m，架梢高 2 ~ 2.4 m。如行距超过 8 m，架中间要加一排立柱。在水泥柱上架设横梁，在横梁上拉铁线（每隔 50 cm 一道），架面呈倾斜状。

小棚架，行距在 6 m 以下，株距为 0.5 ~ 1.5 m。搭架时架根高 1.5 ~ 1.8 m，架梢高 2.0 ~ 2.2 m。第一排柱距植株 0.7 m 左右。顺主蔓伸长（延伸）方向架设横梁，在横梁上每隔 50 cm 拉一道铁线。

2）整形

棚架二条龙（蔓）整形技术。行距为 4 ~ 5 m 的棚架葡萄，一般需要 3 年完成整形过程。

第一年，定植时留 2 ~ 3 个芽剪截，萌发后选健壮新梢用以培养主蔓。当新梢长至 1 m 以上时摘心，其上副梢可留 1 ~ 2 片叶反复摘心。冬剪时，主蔓留 10 ~ 16 个芽。第二年，主蔓发芽后，抹去基部 35 cm 以下的芽，以上每隔 20 ~ 30 cm 留一壮梢。夏季新梢长到 60 cm 以上时，留 40 cm 摘心。以后对其上的副梢继续摘心，冬剪时留 2 ~ 3 个芽。对主蔓延长梢可留 12 ~ 15 节摘心，冬剪剪留 10 ~ 15 个芽（长 1 ~ 1.4 m）。第三年，在第二年所留的结果母枝上，各选留 2 ~ 3 个好的结果枝或发育枝培养枝组。方法是在 9 ~ 11 片叶时摘心，及时处理副梢，并使延长蔓保持优势，继续延伸，布满架面。冬剪时可参考上一年的方法。一般 3 ~ 5 年完成整形任务。

篱架扇形整形技术。第一年，新栽葡萄苗萌芽后对角选择两个健壮新梢进行培养，长到 80 ~ 100 cm 时进行首次摘心，顶端留一个副梢，其余副梢留一片叶摘心。顶端副梢反复摘心，冬季修剪时在 70 cm 左右处剪枝，剪口粗度要大于 0.8 cm。如果达不到就需要回缩修剪，次年继续培养。第二年萌芽后，对第一年培养的主蔓各选留 2 个结果枝，弱枝留一个结果枝，每枝留一穗，弱枝不留穗。冬剪时充分利用架面空间进行中短梢混合修剪。第三年，萌芽后各枝条再选留两个结果枝，留枝原则与第二年相同。冬剪时同样是中短梢混合修剪，便完成整形，以后不断更新、回缩保持架型。葡萄篱架扇形整形如图 4-17 所示。

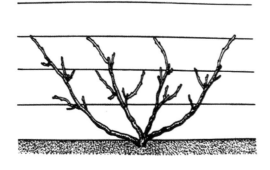

图 4-17　葡萄篱架扇形整形

（图片来源：杜国栋，2016，《设施果树栽培技术》）

篱架水平整形技术。第一年苗木萌发后根据株距大小确定选留主蔓数，主蔓在篱架面垂直向上引缚，当长度超过臂长（主蔓呈水平引缚时，从地面到达与邻株相连接处的长度）时摘心。第二年春出土上架时，主蔓沿第一道铁线水平引缚，于初花期摘心。留1条发出的最前端副梢，留4～5片叶摘心。花序以下副梢贴根抹除，其余副梢均留1片叶，反复摘心。冬剪时，主蔓上的结果母枝按25～30 cm间隔保留，其余从基部疏除。留下的母枝均剪留2～4个芽。

以后各年如第二年管理，如此反复循环。当主蔓上结果枝组老化时可从主蔓基部培养预备枝，将老蔓剪掉，用预备枝代替原主蔓。

3）葡萄休眠季修剪

结果母枝的修剪。结果母枝是指着生混合花芽用于第二年抽生结果枝的枝条。根据结果母枝的剪留长度可分为短梢修剪（保留基部1～4个芽）、中梢修剪（保留基部5～7个芽）和长梢修剪（保留基部8～15芽）。

生长势弱、基部芽眼成花能力强的品种（如玫瑰香、巨峰等）可采用短梢修剪；生长势强、基部芽眼成花力弱的品种（如龙眼、红提等）宜采用中长梢修剪。短梢修剪一般与龙干整枝及较细致的夏季管理（摘心）相匹配；采用中长梢修剪时，为了控制结果部位的外移和保证每年获得质量较好的结果母枝，一般采用双枝更新的修剪方法，即在中梢或长梢下位留1～2个芽的预备枝，葡萄双枝更新如图4-18所示。

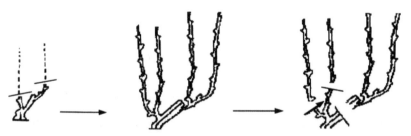

图 4-18　葡萄双枝更新

（图片来源：郭大龙，2018，《设施果树栽培技术》）

冬剪留芽量的确定。冬剪留芽量通常是指盛果期单位面积架面上冬剪后保留的冬芽数量。从理论上讲，冬剪后的留芽数应当与生长期留梢数基本相近。但考虑修剪后到萌芽前这段时间的各种损伤等原因，一般留芽量为第二年生长期留梢量的2倍。

修剪时期。葡萄的冬剪应在落叶后至树液流动前进行，第二年春或设施栽培升温后葡萄萌芽前当土壤温度达到5℃以上时，葡萄枝蔓会从伤口处产生伤流，如树体产生大量的伤流会导致树势衰弱甚至死亡。在设施栽培情况下，一般在扣棚前完成。

4）葡萄生长季修剪

葡萄的冬芽是复芽，有时一个芽眼能萌发出 2 ~ 3 个新梢，并且葡萄新梢生长迅速，一年内可发出 2 ~ 4 次副梢。如生长季不进行修剪控制，就会造成枝条过密，影响通风透光，降低坐果率，果穗松散、着色不良、成熟延迟等。所以，葡萄必须进行细致的修剪。

抹芽和疏梢。抹芽和疏梢是在冬季修剪的基础上对留枝密度的最后调整，是决定葡萄产量和浆果质量的一项重要作业。抹芽一般分两次进行：第一次在萌芽初期对决定不留梢部位（如距地面 40 ~ 50 cm 或以下的通风带）的发育不良的基节芽、双生芽和三生芽中的瘦弱尖头芽等可一次抹除；第二次在 10 d 以后能清楚地看出萌芽的整齐度时进行，对萌发较晚的弱芽、无生长空间的夹枝芽、靠近母枝基部的瘦弱芽、部位不当的不定芽等，视其空间大小和需枝情况，将空间小和不需留枝部位的芽抹除。

定枝。定枝于新梢已显露出花序时进行，过早分不清果枝，过迟会消耗大量养分。在新枝长到 20 ~ 30 cm 时进行，此时已能看出花序的有无与大小，这是在抹芽基础上最后调整留枝密度的一项重要工作。大叶型品种（叶直径大于 20 cm），如巨峰等留枝要少，小叶型的欧亚品种（叶直径小于 15 cm）留枝可多些，结果枝与发育枝的比例为 2 : 2 或 2 : 1。树龄小，留枝少；成龄树，应适当多留枝。树势好，适当多留 2 ~ 3 个枝；树势不好，应少留枝。

定枝的原则是留壮枝去弱枝、留顺枝去夹枝（张开枝为顺）、留果枝去空枝、留早枝去晚枝、留主枝去副枝、留内枝去外枝（靠近铁丝为内）。棚架架面依品种生长势留枝 15 ~ 20 个 /m^2，每 2 m 可留 8 ~ 25 个新梢。单篱架新梢垂直引缚时每隔 10 cm 左右留一个新梢，双篱架每隔 15 cm 左右留一个新梢。定枝时，要留有 10% ~ 15% 的余地，以防后期新梢被风刮掉和人为损失。

除卷须。卷须不仅浪费营养和水分，而且能卷坏叶片和果穗，以免新梢缠在一起，给以后绑梢、采果、冬剪和下架等作业带来麻烦。因此夏剪时要及时把卷须剪除。

新梢摘心。葡萄结果枝新梢在开花前生长迅速，消耗营养过度，影响花芽的进一步分化和花蕾的生长，从而降低坐果率。通过摘心可调整树体营养分配，短期内把营养供应给花序，达到提高坐果率的作用。摘心自开花前一周至开花期均可进行，但以花前 3 ~ 5 d 为摘心的最佳时期。

剪枯枝、坏枝。一般在葡萄伤流期过后进行。北方多在 6 月上旬，与新梢摘心同时进行。

新梢引缚。在夏剪的同时，要将一些下垂枝、过密枝疏散开，绑到铁丝上，以改善光照和通风条件，提高品质，保证各项作业顺利进行。

引缚是对新梢进行定向定位绑缚。通过引缚，可以调整新梢的生长角度，使其在架面上合理、均匀地排布，充分利用光能，促进枝梢生长发育。

棚室葡萄种植密度一般较大，新梢生长迅速，当新梢长至 30 ~ 40 cm 时，常相互重叠，应及时将其绑在架面上，以免影响通风透光，不能放任新梢自由生长、随意延伸。

剪梢、摘叶。剪梢和摘叶在 7 月中下旬至 9 月进行，特别是在果实着色前进行。把过长的新梢和副梢剪去一部分，把过密的叶片（特别是老叶和黄叶）摘掉，以改善通风透光条件，促进果实着色。剪梢、摘叶以架下有筛眼状光影为标准，不能过重。

4. 操作规程和质量要求 ≫

（1）布置任务。

教师布置葡萄架式调查和葡萄夏季修剪任务（具体要求参考任务描述，各地根据实际条件调整），分小组协作完成，每小组 3 ~ 4 人。

（2）葡萄架式调查和葡萄夏季修剪。

采取实地调查与查阅文献资料相结合的方式对当地的葡萄架式进行调查，并在教师指导下实施葡萄夏季修剪任务。

（3）完成报告。

学生按照任务实施流程及操作步骤，认真完成任务报告，具体如表 4-10 所示。

表 4-10　葡萄架式调查和葡萄夏季修剪任务报告

学生姓名：　　　　　　　　班级：　　　　　　　　　学号：					
绘制棚架二条龙（蔓）结构图，并指出各部分结构名称					
描述葡萄篱架水平整形过程					
修剪措施	抹芽	定枝	摘心	副梢处理	疏花序及掐花序尖	绑蔓和除卷须
修剪时期、修剪依据和修剪操作						

（4）教师依据工作态度、工作质量、工作效率等进行过程性和结果性考核。

5. 问题处理

总结归纳葡萄整形修剪的基本手法及作用。

活动五　设施葡萄病虫害诊断和综合防控

1. 活动目标

掌握设施葡萄主要病害的症状特点及主要害虫的形态特征和为害状况；根据设施葡萄主要病虫害发生规律，能够拟订并实施综合防治方案。

2. 活动准备

设施葡萄病虫害的蜡叶标本、新鲜标本、盒装标本或瓶装浸渍标本，病原、菌玻片标本，害虫的浸渍标本、针插标本、生活史标本及为害标本；照片、挂图、光盘及多媒体课件，图书资料或害虫检索表，显微镜、载玻片、盖玻片、挑针、吸水纸、镜头纸、纱布等，观察病原物的仪器、用具及药品；常用杀菌剂、杀虫剂、喷雾器及其他施药设备等。

3. 相关知识

设施葡萄栽培创造了适宜的温度与湿度环境，为葡萄的周年生产提供了良好的环境条件，但也为病虫害的发生与流行创造了适宜条件。随着设施葡萄栽培的发展，危害葡萄的病虫种类显著增加，危害程度也在加重。常见的病害有霜霉病、灰霉病、黑痘病、炭疽病、白粉病和溃疡病；害虫有绿盲蝽、叶蝉、透翅蛾、斑衣蜡蝉、蓟马和介壳虫等。

1）设施葡萄主要病害

霜霉病。叶片受病菌侵染后初期呈半透明状，边缘有不规则、不甚清晰的小斑点，然后逐渐扩展成黄色或褐色的多角形病斑（见图4-19）。幼果感染病毒后初期病部褪色，后期病斑变为深褐色、下陷，产生霜状霉层，果实变硬萎缩而脱落；新梢、卷须、果穗及叶柄发病初期呈现出半透明的油浸状小斑点，后期扩大微陷直到病斑上相继产生白色霜霉。

灰霉病。对花序、幼果危害较大。花穗染病初期呈淡褐色水浸状病斑，之后迅速变为暗褐色以致穗轴坏死，引起整个果穗软腐；新梢、叶片染病出现淡褐色，呈圆形或不规则形病斑；有时斑上具有不明显轮纹，有稀疏灰色霉层（见图4-20）。

图4-19　霜霉病

图4-20　灰霉病

黑痘病。又称"鸟眼病"，主要危害葡萄的绿色幼嫩部位，如果实、果梗、叶片、叶柄、新梢和卷须等。幼果受害，初期在果面上产生深褐色圆形小斑点，之后扩大为圆形凹陷病斑，中部为灰白色，外部为深褐色，边缘为紫褐色，似"鸟眼"状（见图4-21）。

炭疽病。果实近成熟期易发此病，主要发生在葡萄果实和穗轴上。幼果发病多从近地果穗顶部果粒开始，发病最初在果面产生针头大小的褐色圆斑，后期随着果实增大、含糖量增加、果实开始着色，病斑逐渐扩大并凹陷，果肉变软腐烂（见图4-22）。

图4-21　黑痘病

图4-22　炭疽病

白粉病。果实受害时先在果粒表面产生一层灰白色粉状霉，擦去白粉，表皮呈现褐色花纹，最后表皮细胞变为暗褐色，受害幼果容易开裂（见图4-23）。

溃疡病。主要为害葡萄新梢和穗梗。果实变色期，穗轴出现黑褐色病斑，向下发展引起果梗干枯，导致果实腐烂脱落，有时果实不脱落，逐渐干缩（见图4-24）。

图4-23　白粉病

图4-24　溃疡病

2）设施葡萄主要害虫

绿盲蝽。以成虫和若虫刺吸葡萄幼嫩器官的汁液为害，春秋两季为害葡萄较重，干旱环境下易发生（见图4-25）。

叶蝉。以成虫和若虫群集于叶片背面吸食汁液为害。葡萄展叶后和休眠前均可受其危害。6—8月危害较重（见图4-26）。

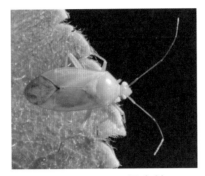

图4-25　绿盲蝽　　　　　　　　　图4-26　叶蝉

透翅蛾。以幼虫蛀食嫩梢和枝蔓为害，7—8月为危害高峰期（见图4-27）。

斑衣蜡蝉。以成虫和若虫群集于树干、叶片为害，以叶柄处最多。4月中下旬、8—9月危害最重，高温少雨天气利于虫害发生（见图4-28）。

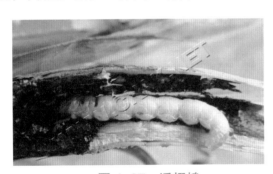

图4-27　透翅蛾　　　　　　　　　图4-28　斑衣蜡蝉

蓟马。以若虫、成虫锉吸花蕾、幼果和嫩叶为害。在25℃和相对湿度60%以下时利于该病发生。高温高湿不利于其发生。暴风雨可降低其发生数量（见图4-29）。

介壳虫。以成虫和若虫在老蔓翘皮下及近地面的细根上刺吸汁液为害，被害处形成大小不等的丘状突起（见图4-30）。

图4-29　蓟马

图4-30　介壳虫

3）设施葡萄病虫害综合防治

（1）农业措施。

选择抗病品种；合理疏花疏果，保持园内通风透光；应尽量实施节水灌溉，安装微喷、滴灌设施。在葡萄休眠期及时冬剪清园，剥除老树枯皮，减少越冬虫卵量；在早春树芽萌动前、晚秋落叶后至土壤结冻前各涂白1次。

（2）物理诱控。

杀虫灯诱杀。在害虫成虫盛发期，利用频振式杀虫灯诱杀透翅蛾、吸果夜蛾等害虫的成虫。频振式杀虫灯单灯控制面积为2～3.33 hm²，连片规模安装杀虫灯诱杀效果最好。

色板诱杀。利用部分害虫的趋色性，在设施内悬挂各种颜色的粘虫板，诱杀小微害虫。蚜虫、叶蝉、绿盲蝽等害虫趋黄色，蓟马趋蓝色，果蝇趋红色。

性诱剂诱杀。通过性诱剂释放专一仿生性信息素，诱杀寻求交配的雄虫，减少雌虫交配产卵的机会，从而压低虫口基数。性诱剂的专一性极高，只能诱杀信息素对应的雄虫，可以有效保护害虫天敌。

食诱剂诱杀。利用部分害虫的趋化性诱杀害虫，同时防治雌雄害虫。例如，使用食诱剂加入少量杀虫剂制成药液，均匀滴洒于葡萄园内，诱杀斜纹夜蛾、透翅蛾等害虫；葡萄成熟前后在葡萄园内安装果蝇饵剂诱杀装置，以诱杀果蝇；利用药用植物的粉碎物，配合对蜗牛和蛞蝓有引诱作用的食物引诱素及成型剂等制成植物颗粒剂，在葡萄园诱杀蛞蝓、蜗牛等。

（3）生物防治。

在葡萄大棚外间栽种显花植物，保护七星瓢虫等天敌，维持生态平衡。在设施内释放捕食螨防治红蜘蛛，一般每株葡萄树上放置1小包捕食螨；在设施内投放七星瓢虫、食蚜虫、龟纹瓢虫等，可有效减轻吸浆虫、麦蚜虫、红蜘蛛对葡萄园造成的损害。底肥中增施有机肥，提倡使用微生物菌肥和复合菌肥，有利于促进土壤养分转化与利用，从而有效提高葡萄植株的抗病能力。

生物农药具有低毒、低残留的优点，因此，应优先使用生物农药。其中，细菌制剂有短稳杆菌（防治透翅蛾等夜蛾类幼虫）、枯草芽孢杆菌（防治白粉病、黑痘病）、白僵菌（拌土防治金龟子幼虫等地下害虫）、哈茨木霉菌（防治霜霉病、灰霉病等）；植物源农药有苦皮藤素、藜芦碱（防治叶蝉、绿盲蝽）、印楝素、苦参碱、除虫菊素、烟碱（防治蚜虫、蓟马、粉蚧等）、丁子香酚、大黄素甲醚、蛇床子素（防治灰霉病、白粉病等）。细菌代谢产物的防效稳定，市场用量比较大。

（4）科学用药。

霜霉病。在3月中旬葡萄萌芽期全园喷施29%石硫合剂水剂6～9倍液；4月下旬开花前喷洒保护性杀菌剂，如86%波尔多液水分散粒剂400倍液、27.12%碱式硫酸铜悬浮剂400倍液、77%硫酸铜钙可湿性粉剂500倍液。叶片发病初期产生水渍状黄色斑点时，可选用40%烯酰吗啉悬浮剂1 500倍液、20%霜脲氰悬浮剂2 000倍液等药剂全园喷洒防治。

白粉病。葡萄发芽后，可选用29%石硫合剂水剂10倍液、50%硫黄悬浮液300倍液等矿物源农药防治葡萄白粉病。叶片与果实上刚出现灰白色的病斑时，选用25%吡唑醚菌酯悬浮剂1 000倍液、12.5%氟环唑悬浮剂1 000倍液等药剂全园喷洒防治。

灰霉病。在葡萄灰霉病发病初期，可选用50%啶酰菌胺水分散粒剂800倍液、40%嘧霉胺悬浮剂100倍液、50%腐霉利可湿性粉剂1 000倍液、40%咯菌腈悬浮剂3 000倍液等药剂全园喷洒防治。

黑痘病。花期和幼果期是防治葡萄黑痘病的关键时期，可选用75%肟菌·戊唑醇水分散粒剂4 000倍液、25%嘧菌酯悬浮剂1 000倍液、40%氟硅唑乳油4 000倍液、70%代森锌可湿性粉剂600倍液全园喷洒防治。

盲蝽象、叶蝉。选用22%氟啶虫胺腈悬浮剂1 000倍液、25%噻虫嗪水分散粒剂3 000倍液、2.5%溴氰菊酯3 000倍液等药剂中的任意一种，在盲蝽象、叶蝉低龄若虫期及时用药防治。

蓟马、蚜虫。可选用50%烯啶虫胺可溶粉剂5 000倍液、30%噻虫嗪悬浮剂3 000倍液、25%吡蚜酮悬浮剂1 000倍液、5%啶虫脒乳油1 000倍液等药剂中的任意一种，喷雾防治蓟马、蚜虫。

4. 操作规程和质量要求

（1）布置任务。

教师布置设施葡萄病虫害调查和综合防治任务（具体要求参考任务描述，各地根据实际条件调整），分小组协作完成，每小组3～4人。

（2）设施葡萄病虫害调查和综合防治。

采取实地调查与查阅文献资料相结合的方式对当地的设施葡萄病虫害进行调查，并在教师指导下制订设施葡萄病虫害综合防治方案，具体如表 4-11 所示。

表 4-11　设施葡萄常见病虫害调查和综合防治

工作环节	操作规程	质量要求
设施葡萄常见病害症状和病原菌形态观察	1. 主要观察葡萄霜霉病、灰霉病、炭疽病、黑痘病、白粉病和溃疡病的田间为害特点、发病部位及病斑的形状、颜色、表面特征等； 2. 制片观察病原物形态特征，查阅资料对病原类型及病害种类做出诊断	注意观察葡萄霜霉病和灰霉病症状的区别
设施葡萄病害防治	1. 调查当地设施葡萄主要病害的发生和为害情况及防治技术，找出防治过程中存在的问题； 2. 根据设施葡萄主要病害的发生规律，结合当地生产实际，提出有效的防治方法和建议	1. 发生和为害情况调查：一个地区一定时间内的病害种类、发生时期、发生数量及为害程度等； 2. 综合防治要全面考虑经济、社会环境和生态效益及技术上的可行性
设施葡萄害虫形态特征和为害特点观察	观察绿盲蝽、葡萄透翅蛾以及蓟马等害虫的形态特征和为害特点	注意比较不同害虫为害状况的区别
设施葡萄主要害虫防治	1. 调查当地设施葡萄主要害虫的发生和为害情况、主要防治措施和成功经验，提出改进意见； 2. 选择 2～3 种设施葡萄主要害虫，提出符合当地生产实际的防治方法	1. 发生和为害情况调查：一个地区一定时间内的病害种类、发生时期、发生数量及为害程度等； 2. 综合防治要全面考虑经济、社会环境和生态效益及技术上的可行性

5. 问题处理

活动结束以后，完成以下问题。

（1）描述所观察的设施葡萄常见病害的典型症状特点。

（2）拟订 2～3 种设施葡萄病虫害综合防治方案。

任务三　设施草莓生产技术

【任务描述】

　　南京市某家庭农场，地处南京郊区，交通方便，以都市休闲采摘为主，从4—5月的樱桃、油桃，到11月的冬桃，每月都有新产品可供采摘，市民纷纷前往，效益喜人。但12月—第二年3月农场没有产品，农场准备种植数棚草莓供12月—第二年3月采摘，使整年都有采摘项目。本任务是精心设计一个设施草莓栽培方案，填补这段时间的空白，并负责实施。

【任务目标】

　　知识目标　了解草莓种类和品种特性；掌握草莓的生长结果习性及对环境条件的要求；掌握草莓建园技术和促成栽培定植后管理技术。

　　技能目标　能够根据市场需求和品种特性进行草莓设施促成栽培技术方案设计；能够发现和分析栽培过程中的问题，并提出解决方法。

　　素养目标　在任务完成过程中，培养语言表达、团队合作、社会交往等综合素质；培养拓展、创新等可持续发展能力以及严谨求实、自律、吃苦耐劳、热爱专业的优良品质和细心、耐心、克服困难的良好职业素养。

【背景知识】

　　草莓为宿根性多年生常绿草本植物，因其具有适应性强、植株矮小、结果早、生长周期短、生长发育易于控制、繁殖迅速、管理方便、成本低等特性，非常适合设施栽培。目前，通过设施栽培，我国草莓鲜果供应可从11月延续到第二年6月，不仅延长了市场供应期，更增加了生产者和经营者的经济效益，因而成为许多地区高效农业的主导产业。

活动一　草莓种类和常见品种认知

1. 活动目标

掌握测定草莓品种特性的方法；能够识别南方常见草莓优良品种；能够指导生产中草莓品种的选择。

2. 活动准备

将班级学生分为若干小组，每组配备不同品种的草莓挂图、浸润标本和果实以及水果刀、台秤、榨汁机、果实硬度计、游标卡尺、卷尺、天平和手持折光仪等。

3. 相关知识

设施栽培时品种选择准确与否是设施栽培成功与否的关键。适合设施栽培的草莓品种具有花芽分化容易、休眠浅或无须休眠，休眠容易打破，生长发育及开花结果对温度要求低，花器官抗低温的能力强，抗病、早熟、丰产、优质等优良性状。适于促成栽培的品种，需冷量必须在 500 h 之内。另外，在选择品种时还要根据品种搭配的原则，在同一个温室中不应少于三个品种，以便互相授粉。

1）主要种类

草莓属于蔷薇科草莓属植物，共有 50 个品种，其中生产上有利用价值的主要有 6 大类，即野生草莓、东方草莓、西美洲草莓、深红莓、智利草莓、凤梨草莓等。

2）主要品种

丰香。引自日本。第一级序果平均质量约为 25 g。果实呈圆锥形，果面呈鲜红色，有光泽，果肉呈淡红色，肉质较硬。果皮较韧，耐储运。含可溶性固形物 10% ~ 13%。甜酸适中，香味浓郁。品质优。

章姬。引自日本。株产 530.6 g，单果质量为 18.95 g，其中第一级序果质量为 32 g，最大果质量为 51 g。果实比丰香早熟 5 d 左右。果实为长圆锥形，端正整齐。畸形果少。纵横比为 1.44。果色鲜红，果肉软。含可溶性固形物 14%。

红颊。自然坐果能力较强。第一、第二级序果平均单果质量约为 26 g，最大单果质量在 50 g 以上。果实呈圆锥形，含可溶性固形物 11.8%。果肉较细，甜酸适口，香气浓郁。品质优。

甜查理。美国草莓早熟品种。最大果质量为 60 g 以上，平均果质量为 25 ～ 28 g。亩总产量高达 2 800 ～ 3 000 kg，年前产量可达 1 200 ～ 1 300 kg，果实商品率达 90% ～ 95%。鲜果含可溶性固形物 12% 以上。品质稳定。

幸香。果实呈圆锥形，第一级序果平均单果质量约为 20 g，最大单果质量约为 30 g。果肉呈浅红色，含可溶性固形物 10% 左右。

蒙特瑞。果实呈圆锥形，鲜红色。果实个头大，平均果质量约为 33 g，大果质量约为 60 g。果实品质优，风味甜，含可溶性固形物 10% 以上。

紫金四季。果实呈圆锥形，红色。平均单果质量约为 16.8 g，最大果质量约为 48.3 g。果肉红，味酸甜浓，含可溶性固形物 10.4%。

宁玉。果实呈圆锥形，第一、第二级序果平均单果质量约为 24.59 g，最大单果质量在 52.99 g 以上。含可溶性固形物 10.7%。果实硬度为 1.63 kg/cm^2。耐储运。

4. 操作规程和质量要求

（1）教师提供草莓常见品种挂图、实物以及实验用具，布置任务。

（2）学生分组，按照教师要求，测定草莓植株特征和果实性状，具体内容如下所述。

植株特性：株高（随机取 10 ～ 20 个草莓植株，使用卷尺测定草莓株高）、匍匐茎抽生数量（记录抽生的匍匐茎数量）、叶片形状（椭圆形、长圆形、倒卵形等）、叶片颜色（浅绿、绿色、浓绿等）、花序数量（整株花序数量、单个花序花数）、花色（粉色、红色、白色等）。

果实性状：果实整齐度（观察同一品种果实大小是否均匀一致）、单果质量（随机取 10 ～ 20 个果实，称量测定单果平均质量）、果实形状（圆锥形、长圆形、长圆锥形等）、果面颜色（红、粉、白等）、果肉颜色（用刀切开果实，观察果肉的颜色，如白色、红色、橙红色等）、果实风味（口感酸、酸甜、甜等）、可溶性固形物含量（用测糖仪测定可溶性固形物含量）、果实香气（果实是否有香气）。

（3）学生按照任务实施流程及操作步骤，认真完成任务报告，具体如表 4-12 所示。

表 4-12　草莓优良品种识别任务报告

姓名：		班级：		学号：	
项目		品种名			
植株特性	株高				
	匍匐茎抽生数量				
	叶片形状				

续表

姓名：		班级：		学号：	
项目		品种名			
植株特性	叶片颜色				
	整株花序数量				
	单个花序花数				
	花色				
果实性状	果实整齐度				
	单果重				
	果实形状				
	果面颜色				
	果肉颜色				
	果实风味				
	可溶性固形物含量				
	果实香气				

（4）教师依据工作态度、工作质量、工作效率等进行过程性和结果性考核。

5. 问题处理

通过查阅资料，探索思考适合设施栽培的草莓品种有哪些？选择依据是什么？

活动二　草莓生物学特性和物候期观察

1. 活动目标

初步掌握草莓的生长结果习性，并能进行草莓的物候期观测。

草莓生物学特性和物候期

2. 活动准备

将班级学生分为若干小组，每组配备当地草莓幼株、盛果株和衰老更新株的正常植株以及放大镜、计数器、卷尺、镊子、铅笔和标签牌等用具。

3. 相关知识

1）生长特性

草莓植株由地下和地上两部分构成（见图4-31）：地下部分具有发达的根系，地上部分是由茎、叶、花、果实等组成的。

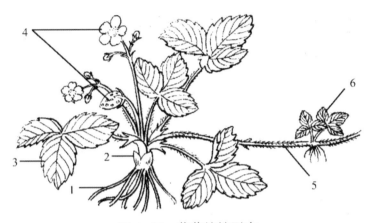

图4-31　草莓植株形态

1—根；2—短缩茎；3—叶；4—花和果实；5—匍匐茎；6—匍匐茎苗

（图片来源：薛正标，2009，《图文精讲反季节草莓栽培技术》）

根。草莓根为须根系，由着生在新茎和根状茎上的不定根组成，分布较浅，分布在植株周围10～15 cm范围内，深入10～30 cm土层内，一般有25～35条根，均为初生根。1年内有2～3次生长高峰。春季根的生长比地上部分早10 d左右。从秋季至初冬以及第二年春为吸收根生长旺期。春根发出后生长缓慢。

芽与茎。芽可分为顶芽和腋芽。顶芽着生于新茎先端，向上发生叶片和延伸新茎，后期形成混合芽，翌年结果；腋芽着生在叶腋里，也叫侧芽，可以抽生新茎和匍匐茎。

茎可分为新茎、根状茎和匍匐茎。新茎为当年萌发的短缩茎，呈半平卧状态，是叶与根的联结器官，又是繁殖器官，新茎顶芽到秋季可分化成混合芽，第二年开花结果；根状茎为多年生茎（老茎），着生很多须根，木质化程度较高，生理功能减弱，移栽时可以将其去掉；匍匐茎又称地上茎，茎细，节间长，是草莓的营养繁殖器官，由腋芽形成。因形成层不发达，加粗生长甚微，仅从坐果后期开始，第二节起隔节向上生出叶片，向下形成不定根，入土成为新苗根系，形成独立的苗（新株）。草莓茎的结构如图4-32所示。

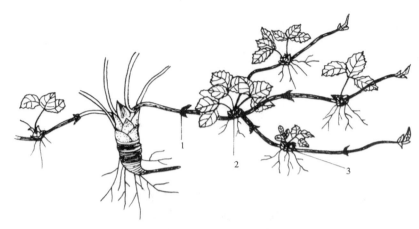

图 4-32 草莓茎的结构

1—奇数节；2—偶数节；3—第二次葡匐茎苗

（图片来源：薛正标，2009，《图文精讲反季节草莓栽培技术》）

叶。叶为羽状复叶，多数为 3 片小叶，少数为 5 片小叶。生于短缩茎上，互生，呈簇生状，莲座形排列。第 1 片与第 6 片叶重叠，寿命短；适温下 8 ~ 9d 展开 1 片新叶；随着植株不断生长，下部叶片不断老化，单叶平均生长期为 60 ~ 80 d。其叶耐阴，且常绿。一株草莓一般生长 20 ~ 30 片叶，以第 4 ~ 6 片新叶同化能力最强。新叶形成后第 40 ~ 60 d 光合能力最强。生产上要经常摘除衰老枯萎叶片。

花。花为白色，多数品种为两性花，自花能结果，但异花授粉能大大提高坐果率。花为有限二歧聚伞或多歧聚伞花序，正常花序能分生 1 ~ 3 次花，主轴顶有 1 花，向下依次向两侧分别着花，每个花序有花 15 ~ 20 朵以上，陆续开放。

果实。其食用部分为花托发育而成，是聚合果，其真正的果实为瘦果，内有 1 粒种子，许多瘦果着生在花托上，瘦果能分泌生长素而使花托肥大。果面多呈深红或浅红色，果肉多为红色，果实充实或稍有空心。果形有圆球形、圆锥形、纺锤形、楔形等。果实大小因品种而异。同一花序以第一花序为最大，级数越高，成熟越晚，果越小。

2）物候期

休眠期。草莓的品种不同，完成休眠所要求的低温时间也不一样，如"明宝"为 70 ~ 90 h，"宝交早生"为 450 h，"红露"则需 600 h 以上。因此，低温需求量的多少，就成了表示品种间相互关系和休眠深度的指标。要求低温时间长的，称休眠较深的品种；要求低温时间短的，则称休眠较浅的品种。一般原产北方寒冷地带的草莓品种，休眠较深，通过休眠所需 5℃ 以下的低温时间在 700 h 左右或更多；原产南方温暖地带的草莓品种，休眠较浅，通过休眠所需 5℃ 以下的低温时间仅为 20 ~ 50 h。

萌芽和开始生长期。2 月中旬，气温回升到 2 ~ 5℃，10 cm 内土温稳定为 1 ~ 2℃，根系开始生长，长出新根，通常比地上部分早 10 d 左右，此时主要依靠储藏营养生长。3

月上中旬地上部分开始生长、萌芽、展叶和出现花序。

开花和果实成熟。花期延续很长，4月上旬—5月上旬结束，花期为20～25 d，早花果实4月下旬成熟，最晚在6月上旬成熟，持续20～25 d。此期也开始少量抽生匍匐茎。

旺盛生长期。5月底左右，果实采收结束后，进入叶和茎旺盛生长时期，产生很多营养苗，约持续到7月上旬。

停止生长期。7月中旬—9月上旬，在酷热的盛夏中，草莓处于缓慢生长阶段，最热的天气甚至停止生长，处于休眠状态。秋末，随着气温下降，草莓植株生长速度减缓，体内营养物质逐渐积累，组织日趋成熟。

花芽分化形成期。9月下旬—10月上旬，在适宜的温度（17℃以下）和短日照（12 h以下）下花芽开始分化。5℃以下花芽即停止分化，植株生长缓慢，积累养分于根状茎，准备越冬。

4. 操作规程和质量要求

（1）布置任务。

教师布置草莓生物学特性和物候期调查任务（具体任务要求参考任务描述，各地根据实际条件调整），分小组协作完成，每小组3～4人。

（2）草莓生物学特性和物候期调查。

采取实地调查与查阅文献资料相结合的方式对当地的草莓园进行调查，具体内容如下。

①植株结构及枝蔓的观察：观察其植株结构特点，观察新茎、根状茎和匍匐茎。

②芽的观察：花芽、叶芽、潜伏芽。

③开花习性观察：观察草莓花的结构。

（3）完成报告。

学生按照任务实施流程及操作步骤，认真完成任务报告，具体如表4-13所示。

表4-13 草莓生物学特性和物候期调查任务报告

学生姓名：		班级：		学号：	
绘制草莓植株结构图，并标出地上部分枝蔓类型					
茎的类型	新茎		芽的类型	花芽	
	根状茎			叶芽	
	匍匐茎			潜伏芽	

续表

花	花芽着生节位		花的结构	
物候期	时间		物候期	时间

5. 问题处理

通过查阅资料，探索草莓生长季如何进行植株调整管理。

活动三　设施草莓建园和栽植技术

1. 活动目标

掌握草莓建园中园地的选择方式；掌握草莓栽植技术；能够根据草莓设施促成栽培形式选择设施类型与种植品种；能够完成草莓优质苗选择、整地、栽植及栽后管理等操作。

2. 活动准备

将班级学生分为若干小组，每组配备铁锹、水壶和草莓苗等。

3. 相关知识

1）园地的选择

草莓对土壤的适应性非常强，在一般的土壤上均可生长。但要实现高产质优，则必须将其栽植在疏松、肥沃、透水、通气良好的土壤中。草莓适合在地下水位不高于 100 cm、pH 值为 5.8～7.0 的土壤中生长。由于草莓是草本植株，根系主要分布区在地表下 20 cm 内。因此，是否适合草莓的生长，在很大程度上取决于表土层。

2）苗木的选择

草莓产量的高低首先取决于苗木的质量。优质草莓苗木质量标准如下：

①品种纯正，无病虫害，脱毒苗；

②新根多，根系伸展，根系质量接近全株质量的一半；

③新茎粗度在 0.8 cm 以上，苗质量达到 30 g 以上；

④叶柄短粗，叶面积大，成龄大叶在 4 片以上。

3）栽植前土壤准备

深翻施基肥。一般要求深翻前每亩施优质有机肥 4 000 ~ 5 000 kg、磷酸二铵 25 ~ 30 kg、生物菌肥 50 kg。如有地下害虫，可以每亩地施入辛硫磷粉剂 2 kg，深翻深度为 20 ~ 30 cm。

打垄。垄与垄之间的距离为 80 cm，即从一个垄的中心到另一个垄的中心为 80 cm。垄的顶部宽为 45 ~ 50 cm，底部宽为 60 cm，垄沟底宽为 20 cm，垄沟深（垄高）25 cm（见图 4-33）。

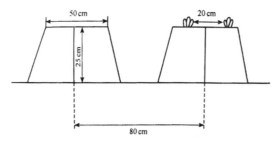

图 4-33　草莓垄的规格

4）草莓定植技术

定植时期。南方地区一般是在花芽分化后进行定植（10月上旬）。定植时间过早温度较高，成活率低；时间过晚，定植后从缓苗到花芽分化期生长时间短，秧苗不够健壮，影响花芽分化。

栽植密度与技术。一般每亩 8 000 ~ 10 000 株，每个垄上栽植两行，行距为 20 cm，株距为 15 cm。定植时，要求草莓的弓背方向朝向垄沟（见图 4-34），这是因为草莓的花序从弓背方向伸出。这样栽植不仅能使果实较整齐地排列在垄背的外侧，有利于垫果和采收，而且通风透光好，有利于果实着色，减少病虫害的发生。

草莓的定植深度以上不埋心、下不露根为宜（见图 4-35）。如定植后浇水出现露根或埋心的，应及时调整。在定植时还要注意不能出现垄背凸凹不平或垄背两侧高中间洼的现象，以免垄背积水造成腐烂根。

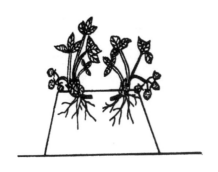

图 4-34 草莓的定植

（图片来源：边卫东，2016，《设施果树栽培》）

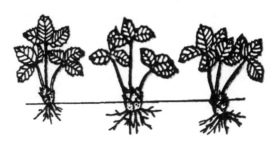

图 4-35 草莓栽植深度

（图片来源：边卫东，2016，《设施果树栽培》）

栽植后管理。8月下旬草莓定植后生长一段时间，在9月中旬前后开始花芽分化，这个时期加强管理对花芽分化和产量有很大的影响。因此缓苗后追施一次氮、磷、钾复合肥 150 ～ 225 kg/hm²，有利于生长和花芽分化。10月上中旬再施一次磷酸二铵或尿素 150 ～ 225 kg/hm²，可促进花芽的发育，施肥和浇水一起进行。新叶长出后要及时摘除老叶，同时要及时摘除抽生出的匍匐茎，以节省养分，促进花芽分化和发育。

4. 操作规程和质量要求 ≫

（1）布置任务。

教师布置草莓园规划和草莓定植任务（具体任务要求参考任务描述，各地根据实际条件调整），分小组协作完成，每小组 3 ～ 4 人。

（2）草莓园规划和草莓定植。

以当地某一日光温室（塑料大棚）或校内基地日光温室（塑料大棚）为已定园地进行草莓园规划，并在教师指导下进行草莓定植。

（3）完成报告。

①学生按照任务实施流程及操作步骤，认真完成任务报告。

②绘制草莓园总体规划示意图；

②总结草莓定植技术流程。

5. 问题处理 ≫

通过查阅资料，探索草莓建园对园地的要求。

活动四　设施草莓定植后管理技术

1. 活动目标

掌握设施草莓栽培升温时间确定的原则以及升温后环境调控指标；掌握草莓设施栽培形式下赤霉素处理技术要点；掌握设施草莓促成栽培植株管理技术及肥水管理技术。

2. 活动准备

将班级学生分为若干小组，每组配备适量的尿素、磷酸二铵、硫酸钾复合肥等肥料及赤霉素。

3. 相关知识

1）适时保温，调节温湿度

草莓棚室促成栽培，从定植到覆膜是植株营养生长旺盛期，主要管理措施是浇水、摘叶和中耕除草。当夜间气温降到8℃左右时，开始盖棚膜保温，当夜间气温降到5℃以下时，草莓进入休眠。扣膜保温10 d后，浇一次透水，然后覆盖地膜。选用黑色地膜，可以提高地温，降低棚室内湿度，防止杂草生长。覆地膜过早，地温迅速上升，容易伤害根系，也影响第二腋、第三腋花芽继续分化。草莓不同发育期对温度有不同的要求，棚室增温后应尽可能予以满足。具体温度可参照表4–14。

表4–14　草莓不同生育期温湿度要求

时间	白天温度 /℃	夜间温度 /℃	相对湿度 /%
现蕾前	25 ~ 28	12 ~ 15	80
现蕾至开花期	22 ~ 25	12 ~ 15	60
果实膨大期	18 ~ 22	8 ~ 10	70
成熟期	15 ~ 22	5 ~ 8	60

2）肥水管理

设施草莓促成栽培要多次追肥，才能满足植株和果实对营养的需求。一般定植苗长到 4 片真叶时，追施尿素 112.5 kg/hm² 或磷酸二铵 300 kg/hm²，追肥后及时浇水和中耕。10 月中下旬—11 月上旬扣膜前结合浇水施硫酸钾复合肥 150 kg/hm²。保温后在果实膨大期（果实长到小拇指大小）、顶果采收初期各追一次，每次施氮磷钾复合肥 150 kg/hm²。第一次采收高峰后，每 30 d 追肥 1 次，防止植株早衰，恢复长势。

设施草莓定植后的水肥管

二氧化碳气肥是光合作用合成碳水化合物的重要原料。冬季棚室内二氧化碳浓度经常低于大气，增施二氧化碳能促进生育转旺，成熟期提前 1 ~ 2 周，并能提高产量，改善果实品质。目前生产上大多采用反应法，利用碳酸氢铵和硫酸，通过二氧化碳发生器，产生二氧化碳，直接排放到棚室内。

草莓定植后，缓苗期间浇水较多；成活后，土壤表土发干应浇水。覆地膜前追肥浇水；扣棚后至开春一般不追肥、不浇水。干旱时浇水最好采用膜下滴灌，以降低棚室内空气湿度。开花期控制浇水；果实成熟阶段要及时浇水；采收前要控制浇水。冬季温度较低，浇水要控制用量，忌大水漫灌，使棚室内湿度过高，诱发灰霉病、白粉病。

3）植株管理

草莓定植 15d 后植株地上部分开始生长，心叶发出并展开，此时应将最下部发生的腋芽及刚生出的匍匐茎及枯叶、黄叶摘除，但至少保留 5 ~ 6 片健壮叶。生长旺盛时会发生较多的侧芽，浪费养分，影响草莓开花结果，应及时摘除。衰老叶制造光合产物少，而呼吸消耗大，对草莓生长和浆果发育不利。因此，结果期对下部衰老叶要及时摘除，植株基部的叶片由于光合能力减弱也应摘除，每株保持 4 ~ 6 片功能叶，并及早去除匍匐茎。

设施草莓定植后的植株管理与授粉

4）赤霉素处理

草莓促成栽培中，喷洒赤霉素可以防植株进入休眠，促使花梗和叶柄生长，增大叶面积，促进花芽分化和发育。赤霉素处理时间，一般在扣棚后 7 ~ 10 d（在天气晴好情况下），喷施 5 ~ 10 mg/kg 的赤霉素，如果喷施后植株生长状况尚未得到明显改善，可在现蕾期再喷施一次。喷时重点喷到植株心叶部位，用量不宜过大，否则会导致植株徒长、坐果率下降和后期植株早衰。

5）辅助授粉，适时采收

冬季棚室环境条件差、气温低、湿度大、昆虫少、日照短，不利于草莓开花及授粉受精，会产生大量的畸形果，影响产量和品种。通过辅助授粉可增大果实体积，提高产量，使果形整齐一致。目前，设施草莓栽培人工放蜂可以促进草莓授粉受精，减少畸形果，提高坐果率，明显提高产量。一般每个棚室可放一个蜂箱，在草莓开花前 5 ~ 6 d 提早放养，以使蜜蜂在开花前能充分适应棚室内的环境，直至第二年 3 月。如棚室内病虫害严重必须喷药或烟熏时，要把蜂箱底部蜜蜂出入口关好。

由于草莓的一个果穗中各级序果成熟期不同，因此必须分期采收。草莓促成栽培冬季和早春温度低，要在果实八九成熟时采收。采收最好在晴天进行，避免在气温高的中午采收，以清晨露水干后至午间高温来到之前或傍晚转凉后采收为宜。草莓果实的果皮非常薄，果肉柔嫩，所以采摘时要轻摘、轻拿、轻放，同时注意不要损伤花萼。

4. 操作规程和质量要求 》》

（1）布置任务。

教师布置草莓园管理任务（具体任务要求参考任务描述，各地根据实际条件调整），分小组协作完成，每组 3 ~ 4 人。

（2）草莓园管理。

在教师指导下实施草莓园管理、肥水管理、赤霉素处理、植株调整和花期授粉。

（3）完成报告。

学生按照任务实施流程及操作步骤，认真完成任务报告，具体如表 4-15 所示。

表 4-15　草莓园管理任务报告

学生姓名：		班级：		学号：	
温湿度管理	扣棚时间		扣棚前温度	
	棚膜类型		扣棚后温度	
肥水管理	施肥时间		肥料种类	
	浇水量		施肥量	
赤霉素处理	赤霉素浓度		喷洒时间	
植株调整	疏花时间		疏花量	
花期授粉	授粉类型		授粉量	

（4）教师依据工作态度、工作质量、工作效率等进行过程性和结果性考核。

5. 问题处理

总结归纳草莓植株调整的作用及具体调整措施。

活动五　设施草莓病虫害诊断和综合防治

1. 活动目标

掌握设施草莓主要病害的症状特点及主要害虫的形态特征和为害状况；根据设施草莓主要病虫害发生规律，拟订并实施综合防治方案。

设施草莓定植后的
病虫害防治

2. 活动准备

设施草莓病害的蜡叶标本、新鲜标本、盒装标本或瓶装浸渍标本，病原、菌玻片标本，害虫的浸渍标本、针插标本、生活史标本及为害标本；照片、挂图、光盘及多媒体课件，图书资料或害虫检索表；显微镜、载玻片、盖玻片、挑针、吸水纸、镜头纸、纱布等观察病原物的仪器、用具及药品；常用杀菌剂、杀虫剂、喷雾器及其他施药设备等。

3. 相关知识

目前草莓多为设施栽培，重茬普遍，因此草莓病虫害发生种类多、危害风险高。常见的病害有蛇眼病、灰霉病、根腐病、黄枯病、病毒病和褐斑病；害虫有螨类、白粉虱、蚜虫和蓟马等。

1) 设施草莓主要病害

蛇眼病。主要危害叶片。初期病叶出现不规则小红点或紫红色斑点，后扩展成蛇眼般的圆斑（见图 4-36），中央呈灰白色或灰褐色，具有紫褐色轮纹。

灰霉病。主要危害花瓣、花萼、果柄、叶片。果实肥大期果实上发生褐色斑点，之后逐渐扩大，并出现一层灰霉，使果实软腐，造成减产，严重时会使植株枯死（见图 4-37）。

图 4-36　蛇眼病　　　　　　　图 4-37　灰霉病

根腐病。主要危害根部，有急性型和慢性型两种。前者发生在春夏季，雨后叶尖突然凋萎，不久呈青枯状，全株枯死；后者发生于脚叶，叶缘变紫红或紫褐色，渐及上部，全株萎蔫或枯死，根腐易拔起（见图 4-38）。发病适温为 10℃，高于 25℃ 则不发病。

黄枯病。主要危害根、茎和叶。初发时，茎叶白天萎蔫，傍晚复苏，2 ~ 3 d 后凋萎枯死（见图 4-39）。切开病茎，可见维管束变褐色，用手挤压有混浊白色黏液流出。病菌随病残部遗留在土中越冬，能存活数年，条件适宜时病菌从根部或茎部伤口侵入。

图 4-38　根腐病　　　　　　　图 4-39　黄枯病

病毒病。有花叶、皱缩、黄边和斑驳病毒 4 种，其中以花叶病毒最常见，致使植株矮小、瘦黄、发育不良、结果少（见图 4-40），大多经蚜虫媒介传播。

褐斑病。主要危害叶片。病斑初为圆形或近圆形，边缘呈褐色，中部呈灰白色至灰褐色，并着生很多小黑粒点，严重时叶黄干枯（见图 4-41）。

图 4-40　病毒病　　　　　　　图 4-41　褐斑病

2）设施草莓主要害虫

螨类。主要以成螨和幼螨集中在草莓幼嫩部分刺吸为害（见图 4-42），受害叶片背面呈灰褐色或黄褐色，具有油质光泽或油浸状，叶片边缘向下卷曲。

白粉虱。主要以成虫和若虫吸食植物汁液（见图 4-43）为害，受害叶片褪绿、变黄、萎蔫，甚至全株枯死。由于其繁殖力强、繁殖速度快，所以种群数量庞大、群集为害。分泌蜜露，污染叶片和果实，引起煤污病，还可传播病毒病。

图 4-42　螨类　　　　　　　　　图 4-43　白粉虱

蚜虫。主要以若虫群集于叶片、嫩茎、花蕾、顶芽等部位，刺吸汁液为害，受害叶片皱缩、卷曲，变形（见图 4-44）。分泌蜜露诱发煤污病，传播病毒。

蓟马。近年来，蓟马已经成为主要防治对象之一，以成虫和若虫锉吸植株幼嫩组织汁液为害。被害的嫩叶、嫩梢变硬卷曲枯萎，叶面形成密集小白点或长形条斑，植株生长缓慢（见图 4-45）。幼嫩果实被害后会硬化，从而影响产量和品质。

图 4-44　蚜虫　　　　　　　　　图 4-45　蓟马

3）设施草莓病虫害综合防治

（1）农业措施。

园地选址。选择交通便利、沟渠配套、排灌方便的地块；宜采用水旱轮作田，前茬不宜种瓜果、茄科蔬菜；以偏酸性至中性的中壤土或轻黏土地块种植。

品种选择。选用早熟、优质、高产、抗病的草莓品种，如红颊、章姬、宁玉、甜查理等。

植株管理。在棚室草莓生长期间，应及时摘除衰老底叶、弱叶和病果；及时剪（拔）除带病的匍匐茎及病株，并清除田边腐枝烂叶，一起带到棚室外烧毁。

控湿防病。入冬前垄面覆盖黑色或银黑色地膜，棚室内沟中铺园艺地布或无病稻草，以滴灌方式补水补肥，棚室周开好沟系，采用无滴农膜，保持棚室整洁通透，雨后及时排水、通风、换气，降低棚室湿度。

清除杂草和人工捕杀害虫。清除园内外杂草并集中销毁；结合除草或中耕松土捕杀地下害虫，发现有缺叶、断苗现象，立即在苗附近找出幼虫，并将其消灭（如蛴螬、地老虎等）；对草莓田间发生的斜纹夜蛾等食叶害虫可人工摘除卵块或捕杀低龄幼虫。

水旱轮作。有条件的地方可采用草莓与水生蔬菜或与水稻进行轮作的方式。水旱轮作可有效减轻草莓土传病害的发生，如根腐病、黄萎病、枯萎病、炭疽病。

（2）物理诱控。

棚室内太阳能高温消毒。草莓重茬田在草莓采收后立即拔除植株，拆除地表覆盖物，如黑地膜等。棚室上盖严薄膜，四周拥土压实，防止空气进入，使土壤温度达到 50 ～ 60℃，进行土壤高温消毒，杀灭连作田病原菌。连续高温处理 25 ～ 30 d 后，要尽早揭去地表覆盖的薄膜，土壤耕翻后任其日晒雨淋。

调控温湿度控病。在开花结果期灰霉病等病害发生期，将棚室内湿度降到 50% 以下，温度提高到 35℃，闷棚 2 h，然后放风降温，可有效控制灰霉病等发生蔓延。

驱避阻隔，颜色趋避。蚜虫可采用银灰色薄膜进行地膜覆盖或在通风口挂 10 ～ 15 cm 的银灰色薄膜条驱避。

防虫网阻隔。在棚室放风口处设 40 ～ 60 目防虫网，防止蚜虫等对草莓产生危害。

诱杀害虫。购置专用黄板和蓝板，板插入棚内田间，或悬挂在草莓行间，黄板主要粘杀蚜虫，蓝板主要粘杀蓟马，30 cm×20 cm 大小的黄板、蓝板按亩各挂 30 ～ 40 块，高于草莓植株 30 ～ 50 cm；开花放蜂后要在黄板、蓝板外加网罩，防止蜜蜂黏上；当蚜虫、蓟马黏满板面时，需及时更换或重涂胶。

糖醋液诱杀。利用成虫的趋化性，用糖醋酒液诱杀越冬成虫。成虫期按酒、水、糖、醋 1∶2∶3∶4 的比例，加入适量敌敌畏，放入盆中，每 5 d 补加半量诱液，10 d 换全量，诱杀夜蛾、地老虎等成虫害虫。

（3）生物防治。

人为释放天敌。释放胡瓜钝绥螨和智利植绥螨以控制红蜘蛛。一只胡瓜钝绥螨每天可捕食 30 个红蜘蛛卵和 5 个成年螨。草莓红蜘蛛早期，每个棚室（300 m²）释放 15 万 ～ 20 万头胡瓜钝绥螨（加智利植绥螨 3 000 头），可有效控制蜘蛛螨的繁殖速度并延迟严重灾害发生时间。释放杂食性瓢虫以控制蓟马、蚜虫等。

（4）科学用药。

土传病害（枯萎病、黄萎病、根腐病等）。选用25%吡唑醚菌酯悬浮剂2 000倍液，或25%嘧菌酯悬浮剂2 000倍液，或1.8%辛菌胺醋酸盐水剂300倍液等灌根，每株用药量200 mL，浇灌病株穴周进行消毒。

炭疽病。选用70%丙森锌可湿性粉剂500倍液、80%代森锰锌可湿性粉剂700倍液、75%肟菌·戊唑醇水分散粒剂3 000倍液、60%吡唑·代森联水分散粒剂1 200倍液等进行喷雾防治，在病害发生期每隔7d喷1次，连续防治2～3次；在草莓育苗期的高温季节，每次雷阵雨或台风过后及时施药控制炭疽病的发生，选择1～2种药剂混用并交替使用。

灰霉病。选用50%嘧菌环胺水分散粒剂800～1 000倍液、42.4%唑醚·氟酰胺悬浮剂1 500～2 000倍液、50%啶酰菌胺水分散粒剂1 000～1 500倍液等进行喷雾防治；也可在草莓棚室内使用腐霉利或其复配剂等烟雾剂每亩80～120 g，傍晚时，分散放置于棚室内点燃，关闭棚室过夜，连熏2～3次。

白粉病。选用42.8%氟菌·肟菌酯悬浮剂2 000～3 000倍液、36%硝苯菌酯乳油1 000倍液、24%嘧菌·已唑醇悬浮剂3 000倍液、25%乙嘧酚悬浮剂1 000倍液等进行喷雾防治。防治白粉病时叶背和叶面都要均匀喷到，一旦发现植株发病，先采收完成熟果，然后抓紧喷药防治。

蚜虫、蓟马。选用50%氟啶虫胺腈水分散粒剂5 000倍液、240 g/L螺虫乙酯4 000～5 000倍液、25%噻虫嗪水分散粒剂5 000～8 000倍液等进行喷雾防治，各种药剂应交替使用，或在棚室内每亩用10%异丙威烟剂250～300 g分放8～12处，傍晚点燃，关闭棚室过夜、熏蒸。注意保护好蜜蜂，放蜂期间严禁使用吡虫啉等新烟碱类药剂。

螨类。选用20%丁氟螨酯悬浮剂1 500～2 500倍液、43%联苯肼酯悬浮剂2 000～3 000倍液、240 g/L螺螨酯悬浮剂4 000～5 000倍液等进行喷雾防治，喷雾时注意将喷头插入植株下部朝上喷，使药剂喷布叶片背面。在喷药前最好先清除老叶，然后再喷施药剂，注意保护蜜蜂。

地下害虫（蛴螬、地老虎等）。在草莓移栽前每亩沟施3～5%辛硫磷颗粒剂1.5～2 kg；生长期发生危害用90%晶体敌百虫1 000倍液等低毒药剂，进行灌垄、灌根。

4. 操作规程和质量要求

（1）布置任务。

教师布置设施草莓病虫害调查和综合防治任务（具体任务要求参考任务描述，各地根据实际条件调整），分小组协作完成，每小组3～4人。

（2）设施草莓病虫害调查和综合防治。

采取实地调查与查阅文献资料相结合的方式对当地的设施草莓病虫害进行调查，并在教师指导下制订设施草莓病虫害综合防治方案，具体如表4-16所示。

表4-16 设施草莓病虫害调查和综合防治方案

工作环节	操作规程	质量要求
设施草莓常见病害症状和病原菌形态观察	1. 主要观察草莓蛇眼病、灰霉病、黄萎病、病毒病、根腐病的田间为害特点、发病部位及病斑的形状、颜色、表面特征等； 2. 制片观察病原物形态特征，查阅资料对病原类型及病害种类做出诊断	注意观察草莓蛇眼病和黄萎病症状的区别
设施草莓病害防治	1. 调查当地设施草莓主要病害的发生和为害情况及防治技术，找出防治过程中存在的问题； 2. 根据设施草莓主要病害的发生规律，结合当地生产实际，提出有效的防治方法和建议	1. 发生和为害情况调查：一个地区一定时间内的病害种类、发生时期、发生数量及为害程度等； 2. 综合防治要全面考虑经济、社会环境和生态效益及技术上的可行性
设施草莓害虫形态特征和为害特点观察	观察草莓叶螨、白粉虱、蚜虫以及蓟马等害虫的形态特征和为害特点	注意比较不同害虫为害状况的区别
设施草莓主要害虫防治	1. 调查当地设施草莓主要害虫的发生和为害情况、主要防治措施和成功经验，提出改进意见； 2. 选择2～3种设施草莓主要害虫，提出符合当地生产实际的防治方法	1. 发生和为害情况调查：一个地区一定时间内的病害种类、发生时期、发生数量及为害程度等； 2. 综合防治要全面考虑经济、社会环境和生态效益及技术上的可行性

5. 问题处理

活动结束以后，完成以下问题。

（1）描述所观察的设施草莓常见病害的典型症状和特点。

（2）拟订2～3种设施草莓病虫害综合防治方案。

项目拓展

果树的化学修剪（插入二维码9）

二维码9

拓展园地

全国劳模纪荣喜：为共同富裕不懈努力（插入二维码 10）

二维码 10

巩固练习

1. 设施桃树栽培选择品种时应考虑哪些因素？

2. 设施桃树栽培常采用的树形有哪些？如何进行整形？

3. 设施桃树栽培温湿度管理极为关键，不同时期温湿度要求不同，列表说明设施桃树栽培不同时期对温湿度的要求。

4. 简述桃树炭疽病的防治方法。

5. 防治桃蛀螟的方法有哪些？

6. 设施葡萄栽培选择品种时应考虑哪些因素？

7. 设施葡萄栽培常采用的树形有哪些？如何进行整形？

8. 简述葡萄霜霉病的防治方法。

9. 简述葡萄灰霉病的防治方法。

10. 简述葡萄防治蓟马的方法有哪些？

11. 草莓栽培前应进行土壤消毒。土壤消毒的方法有哪些？如何进行？

12. 草莓栽培选择品种时应考虑哪些因素？

13. 草莓促成栽培壮苗的标准有哪些？

14. 简述草莓温室促成栽培田间管理要点。

15. 设施草莓栽培植株管理主要有哪些内容？

16. 草莓灰霉病防治的栽培管理措施有哪些？

17. 草莓螨类如何进行药剂防治？

项目五

设施花卉生产技术

[S]

🔍 项目背景

　　设施花卉生产就是利用先进技术，人为创造适宜的生长环境，促进花卉生长、提升花卉产量的一种栽培技术。设施栽培不受季节限制，能够根据花卉对生长环境的要求，对各种因素进行人为调整，以满足花卉生长需要。花卉设施栽培一般都是集中进行栽种、培养和管理的。因此，有效节省了栽培时投入的时间、人力、设备资源等，且其创造的环境基本不会受到外界因素的影响，能够有效提升花卉的产量和质量，提升经济效益。

　　目前，花卉栽培设施从原来的防雨棚、遮阳棚、普通塑料大棚和日光温室，发展到加温温室和全自动智能控制温室等。

🔍 项目目标

　　了解设施花卉栽培的基本技术原理；了解不同类型设施花卉生产技术；掌握设施内花卉的管理技术；能够进行设施盆栽观花类、盆栽观叶类和切花类等的设施栽培。通过学习本项目，可增强专业自信心，进一步明确专业规划，同时培养弘农爱国的家国情怀。

任务一　设施盆栽观花类（牡丹）生产技术

【任务描述】

　　山东菏泽某观赏牡丹种植基地，共建有40个塑料大棚，每个大棚培育催花牡丹2 000盆左右，包含红云、红宝石、鲁菏红、百园红霞、岛锦等20多个品种，通过分批分期管理，一年四季都有盛开的牡丹。秋天，基地陆续接到全国6万余盆年宵牡丹花订单。为此，本任务要求根据市场需求和品种特性进行设施牡丹促成栽培技术方案设计，并负责实施。

【任务目标】

　　知识目标　了解牡丹的种类；掌握牡丹的生长习性及对环境条件的要求；掌握牡丹盆栽常见问题的解决方法。

　　技能目标　能够根据市场需求和品种特性进行设施牡丹促成栽培技术方案设计；能够发现和分析栽培过程中的问题，并提出解决方法。

　　素养目标　在任务完成过程中，了解牡丹文化，体会牡丹是中华民族伟大、勤劳、勇敢和善良的象征；体会"国运昌时花运昌"，在生产劳动中把爱国之情转化为爱国之行。

【背景知识】

　　牡丹是芍药科、芍药属植物，多年生落叶小灌木。牡丹品种多，根据花色可分为白、黄、粉、红、紫、黑、蓝、绿、复色9类，尤其以黄、黑、绿、复色为贵；根据花型可分为单瓣型、半重瓣型、重瓣型、球型等；根据开花时间可分为早开品种、中开品种、晚开品种3类。牡丹适应能力强，在我国大部分地区均有栽培。

　　牡丹自古以来被称为花中之王，号称"国色天香"，有"富贵花"之称。牡丹在我国栽培历史悠久，已有1 500多年的历史。唐代牡丹已是皇宫中珍贵的花卉，在骊山专门开辟了牡丹园。到了明清时，黄河中下游地区牡丹、亳州牡丹、曹州牡丹、江南牡丹等都大放光彩，使牡丹真正成为"花中之王"。现在，通过杂交育种，已培育出了新的商品化的盆栽牡丹品种。

活动一　牡丹种类和常见品种认知

1. 活动目标 ≫

　　能够识别主要牡丹品种；能够指导生活、生产中牡丹品种的选择；培养专注、细致的优良品质。

2. 活动准备 ≫

　　将班级学生分为若干小组，每组配备不同品种的牡丹挂图和盆栽牡丹等。

3.相关知识

1）品种分类

（1）牡丹品种按照花色分类，具体如表5-1所示。

表5-1 牡丹品种按照花色分类

序号	花色分类	主要品种
1	红色花系	绣桃花、红宝石（见图5-1）、锦红缎、木横红等
2	绿色花系	绿幕、绿玉、绿香球（见图5-2）、荷花绿等
3	蓝色花系	鹤望蓝、水晶蓝、垂头蓝、群峰、紫蓝魁等
4	紫色花系	紫红玲、藤花紫、烟绒紫（见图5-3）、稀叶紫等
5	粉色花系	百园争彩、桃花遇霜、仙娥、粉乔、玉芙蓉等
6	白色花系	玉板白、紫斑白、天鹅绒、香玉（见图5-4）等
7	黑色花系	黑花魁、黑撒金、瑶池砚墨、墨楼争辉、冠世墨玉等
8	黄色花系	姚黄、古铜颜、黄鹤翎、种生黄、金玉磐等
9	复色花系	二乔、大叶蝴蝶、蓝线界玉、天香湛露等

图5-1 红色花系：红宝石

图5-2 绿色花系：绿香球

图5-3 紫色花系：烟绒紫

图5-4 白色花系：香玉

（2）牡丹品种按照花期分类，具体如表5-2所示。

表5-2　牡丹品种按照花期分类

序号	花期分类	主要品种
1	早花种	四月上中旬开花，如大金粉、白玉、赵粉等
2	中花种	四月中下旬开花，如蓝田玉、二乔、掌花案等
3	晚花种	四月下旬开花，如葛巾紫、豆绿等

（3）牡丹品种按照花型分类，具体如表5-3所示。

表5-3　牡丹品种按照花型分类

序号	花型分类	主要品种
1	单瓣型	花瓣1~3轮，宽大，雄雌蕊正常，如黄花魁、泼墨紫、凤丹等
2	荷花型	花瓣4~5轮，宽大一致，开放时，形似荷花，如红云飞片、似何莲等
3	菊花型	花瓣多轮，自外向内层层排列逐渐变小，如彩云、洛阳红
4	托桂型	外瓣明显，宽大且平展，雄蕊瓣化，自外向内变细而稍隆起，呈半球型，如大胡红、鲁粉、蓝田玉等
5	金环型	外瓣突出且宽大，中瓣狭长竖直，呈金环型，如朱砂红、姚黄、首案红等
6	皇冠型	外瓣突出，中瓣越离花心越宽大，形如皇冠，如大胡红、烟绒紫、赵粉等
7	绣球型	雄蕊完全瓣化，排列紧凑，呈球型，如赤龙换彩、银粉金鳞、胜丹炉等

2）主要品种

姚黄。出自宋代洛阳邙山脚下姚崇家。花初开时为鹅黄色，盛开时为金黄色。重瓣，皇冠型或金杯型。花冠约为16 cm×13 cm。外瓣3~4轮，基部有紫斑，雌蕊瓣化或退化（见图5-5）。花开高于叶面，光彩照人，气味清香，有"花王"之称。姚黄为中花品种，其株型高，直立。枝较细硬，一年生枝长，节间长。中型圆叶，小叶呈长椭圆形，缺刻少，叶面黄绿。

魏紫。中晚开花品种。花呈紫红色，荷花型或皇冠型。花径约为15 cm。外瓣两轮，型大，硬质，基部有紫色晕；内瓣细碎，密集卷皱，端部长残留花药；雄蕊杂与瓣间，雌蕊退化变小或消失（见图5-6）。花梗长而粗硬，花朵侧开。株型矮小，开展。枝细弱，一年生枝短，节间短。小型圆叶，为一回三出复叶，总叶柄长约为15 cm；小叶呈广卵形，叶面浅绿，边缘有紫色晕。花期长、花量大、花朵丰满。

图 5-5　姚黄牡丹

图 5-6　魏紫牡丹

二乔。同枝可开紫红、粉白两色花朵，或同一朵花上紫红和粉白两色同在。花径约为16 cm。花瓣硬质，排列整齐，基部具有墨紫色斑；雄蕊稍有瓣化，雌蕊 9 ~ 11 枚（见图5-7）。株型高，直立。枝较细硬，一年生枝长，节间短长。中型圆叶，小叶呈卵形，叶片缺刻少而深，叶面光滑，呈绿色。植株生长势强，花量大。

赵粉。中早开花品种。花径为 16 ~ 18 cm。外瓣 2 ~ 3 轮，型大，质地较薄；内瓣柔润细腻，整齐，基部具有粉红色晕（见图5-8）；雄蕊多瓣化，雌蕊正常，少瓣化。株型中高，开展。枝较软而弯曲，一年生枝长，节间长。鳞芽圆尖形。中型长叶，质软，稀疏；小叶呈长卵形或长椭圆形，缺刻浅，边缘上卷，叶面黄绿。植株生长势强，花量大。

图 5-7　二乔牡丹

图 5-8　赵粉牡丹

4. 操作规程和质量要求 ≫

（1）教师布置牡丹优良品种识别任务。

（2）学生分组，按照教师要求，识别牡丹品种。

（3）学生按照任务实施流程及操作步骤，认真完成任务报告，具体如表5-4所示。

表 5-4　牡丹品种识别任务报告

学生姓名：			班级：		学号：		
序号	植株特征	花部特征	叶的特征	花瓣特征	花瓣颜色	品种	综合评定

（4）教师依据工作态度、工作质量、工作效率等进行过程性和结果性考核。

5. 问题处理

通过调查，了解本地区设施栽培的牡丹有哪些品种。

活动二　牡丹盆栽技术

1. 活动目标

初步掌握牡丹的盆栽技术；养成吃苦耐劳的精神。

2. 活动准备

将班级学生分为若干小组，每组配备准备上盆的牡丹花苗、配制好的盆栽培养土、碎瓦片、粗粒土、不同规格的花盆、水桶、喷壶和花铲等。

3. 相关知识

1）牡丹的生物特性

牡丹为栽培种，原种牡丹产于中国西北、秦岭一带。它喜欢有助于休眠的寒冷冬季和对花芽分化有利的夏季温和气候条件，较耐寒而不耐热。通常可耐 -20℃ 的低温，但温度超过 32℃ 便对牡丹有不利影响。牡丹喜光，但不喜欢晒太阳，其根肉质，喜燥恶湿怕水涝，适合肥沃疏松、排水良好的土壤，土壤以中性或者带酸性为宜；在碱性钙质土中也可正常生长，但忌盐碱土。植株生长缓慢，每年新梢枯萎，出现"退枝"现象，故有"牡丹长一尺，退八寸"之说。

2）牡丹的繁殖技术

分株繁殖。观赏牡丹的繁殖主要采用这种方法。牡丹没有明显的主干，为丛生状灌木，很适合分株，也较简便易行。

牡丹分株一般在 9 月下旬—10 月上旬，这期间的地温非常适合牡丹新根系的形成。如果分栽早了，因外界气温尚高，容易引起冬芽萌动而抽发新枝即"秋发"，不但消耗了养分，而且降低了抗寒和抗旱能力，对次春生长和开花都很不利。分栽太晚，新生根系弱或不生新根，第二年植株生长势较弱，分蘖少，枝条矮、细，遇干旱极易死亡。

牡丹生长 3 年即可进行分株繁殖，但以 4 ~ 5 年生为宜。先将母株从地里挖出，晾晒 1 ~ 2 d，使根部失水变软但不要阴干过度，在容易分离处劈开，新分株的下部有较好的根系，每株应有 3 ~ 5 个蘖芽。分株后盆栽，经 5 ~ 6 年又可分株。分株苗上部的老枝栽前应在根颈上部 3 ~ 5 cm 处剪去，如果分株苗没有萌蘖芽或萌蘖芽太少、瘦弱，剪除部位以下应留有 2 ~ 3 个潜伏芽。剪去老枝的目的主要是避免老枝的叶、花对根内养分的消耗，促进分蘖及增强分株苗的生长势。

嫁接繁殖。牡丹 9 月下旬—10 月上旬均可嫁接，以白露（9 月 7 — 8 日）到秋分（9 月 23 — 24 日）为宜，特别是以白露前后嫁接成活率最高，这是牡丹嫁接对特定温度和湿度的反应。白露前后，气温在 20 ~ 25℃，30 cm 深的地温为 18 ~ 23℃，接口处很快便会愈合及产生愈伤组织，所以成活率高。

砧木通常用牡丹豆或芍药根，采用树冠上部的一年生枝条作为接穗，接穗长度一般为 5 ~ 10 cm、粗 0.5 cm 左右，带有 2 ~ 3 个饱满的芽。劈接或切接后，用麻绑缚而不可用塑料薄膜条，涂上泥浆，栽入深广盆中，盆土宜潮，栽后一般不浇水，覆土保湿。

3）牡丹的管理方法

浇水。盆栽时最好选用芍药根接的牡丹。因牡丹忌积水，盆底部要多放些有利于排水的瓦片。栽植后只要土壤潮润一般不用立即浇透水，更不要浇大水。生长季节要适量浇水。北方干旱地区一般浇花前水、花后水和封冻水。

施肥。牡丹喜肥，1 年中施肥 3 次，分为营养肥、补充肥和越冬肥。营养肥应该在开花前 15 ~ 20 d 施用，一般在 3 月底;补充肥一般在花后 15 d 内施用;越冬肥则在 10 月下旬施用，量可适度加大。施肥一般以腐熟有机肥料为主，可结合松土、撒施、穴施。盆栽可结合浇水、施液体肥。

修剪。栽植当年，可任其生长。以后每年的春季萌芽后，将株基的蘗芽及干基部发出的不定芽完全去除，集中营养，使第二年花大色艳。花后要剪掉残花，不让它结籽。秋冬季，干枯以及细弱的枝叶和无花枝都应该剪除。盆栽时，还可以按照自己的喜好及需要修整成不同的形状。

4）牡丹的花期调控

单株牡丹自然花期为 10 ~ 15 d 左右，随温度升高而缩短，3 ~ 8℃，可维持月余。因此，如何进行花期调控，也是牡丹栽培的一个要点。

催花植株的选择。一般来说，催花植株应该选择长势强健、株型紧凑、枝条粗壮、芽体饱满、根系发达、没有虫害且花芽已经分化的壮苗。

花期调控的措施。催花时，按品种不同，可提前 50 d 左右将牡丹加温，温度控制常温 10 ~ 25℃，日均 15℃左右。前期注意保持植株湿润，现蕾后注意通风透光；成蕾后，按花期要求进行控温。平时要在叶面施肥，保证充足的水分供应。这样，冬春两季随时都能见花。为了延长观赏时间，大田栽植可采取临时搭棚遮风避光的方法，盆栽的可移至阳光不能直射的地方，温度保持在 5 ~ 10℃，还要有通风透光的环境。根据盆土湿润程度适时浇水，但要注意，花朵上不要淋水，这样花期最长。

4. 操作规程和质量要求 >>>

（1）布置任务。

教师布置盆栽牡丹任务（具体任务要求参考任务描述，各地根据实际条件调整），分小组协作完成，每小组 3 ~ 4 人。

（2）具体过程。

根据不同地域选择适应性强的牡丹品种。盆器选用透气、排水性能好的，盆高一般为 42 cm、口径为 38 cm、地径为 30 cm。盆土要用排水良好、含腐殖质较高的中性土壤或微酸性土壤，一般 pH 值以 6.5 ~ 7 为宜。上盆最适宜的时间是 9 月中旬—10 月下旬。盆栽牡丹每年追肥应不少于 4 次。一般盆土湿润度保持在 20% 左右为宜，做到不干不浇、浇则浇透。牡丹枝条修剪一般每年两次，第一次修剪在 3 月上旬，第二次修剪在牡丹花谢后。牡丹喜光但又怕阳光暴晒。

（3）完成报告。

学生按照任务实施流程及操作步骤，认真完成任务报告，具体如表 5-5 所示。

表5-5　盆栽牡丹任务报告

学生姓名:		班级:			学号:			
序号	品种选择	盆器选择	盆土配制	上盆栽种	施肥	浇水	整形修剪	光照管理

5. 问题处理

通过查阅资料，探索设施栽培牡丹控制花期最新的技术或方法，并在班级分享。

活动三　设施牡丹病虫害诊断与综合防治

1. 活动目标

掌握设施牡丹常见病害的症状，掌握发病规律，拟订并实施综合防治方案。

2. 活动准备

设施牡丹病虫害的各类标本，相关多媒体资料，显微镜、挑针等观察病原物的仪器、用具及常用杀菌剂、杀虫剂、喷雾器等施药设备。

3. 相关知识

牡丹病虫害会使牡丹长势变弱、花色衰退、品位变差。为此，及时做好病虫害的防治，对保证牡丹的正常生长很重要。下面列举几种设施牡丹常见的病虫害及防治方法。

1）设施牡丹主要病害

叶斑病。叶斑病又称"黑斑病"（见图5-9）。此病为多毛孢属的真菌传染，真菌主要侵染叶片、茎和花。一般在花后15 d发病，7月中旬随湿度升高日趋严重。初期发病表现在叶背面有谷粒大小的褐色斑点，边缘色略深，形成不规则的同心环纹枯斑，到7月时枯斑增大，互相融连，叶片枯焦凋萎。受害叶柄产生黑绿色绒毛层，茎部产生隆起病斑，花梗花冠上产生粉色小斑点。

紫纹羽病。紫纹羽病属真菌病，由土壤和根部传播而致。受害处有紫色或白色棉絮状菌丝，俗称"黑疙瘩头"（见图5-10）。轻者不生新根，枝条枯细，叶发黄；重者整个根颈和根部均腐烂，植株死亡。紫纹羽病多发生在高温多雨季节。

图 5-9　叶斑病　　　　　　　　　　图 5-10　紫纹羽病

2）设施牡丹主要害虫

蛴螬。金龟子幼虫，体为乳白色，圆筒形，多皱纹（见图5-11）。危害牡丹根部，取食造成的伤口，又为镰刀菌的侵染创造了条件，导致根腐病的发生。

小地老虎。小地老虎俗称土蚕、地蚕。幼虫体长37～47 mm，灰黑色，体表布满大小不等的颗粒（见图5-12）。幼虫将幼苗近地面的茎部咬断，致使整株死亡。

图 5-11　蛴螬　　　　　　　　　　图 5-12　小地老虎

3）设施牡丹病虫害综合防治

（1）农业措施。

布局合理，加强田间管理，土壤 pH 值不宜高于 7.3，忌低洼潮湿，宜有侧阴，不宜暴晒。增施有机肥，有机肥中适当掺一些硫酸亚铁，可增加铁的活性。对碱性土壤应施用过磷酸钙、磷酸二铵等生理酸性肥料，改善土壤理化性质，提高土壤中铁的有效性。做好牡丹园田间管理，可坚固牡丹植株，使牡丹长势旺盛、抵抗力强，有效减少病虫害。

（2）理化诱控。

人工捕杀。对于地上害虫，利用害虫的假死性，人工振落捕杀，或者连虫带叶摘下，杀死；对于地下害虫，可在清晨查看，发现有被害后留下的残茎、残叶时，扒开附近的表土，捕杀幼虫。此防治方法只适用于危害面积较小或害虫数量比较集中的区域。

灯光诱杀。在对地下害虫进行防治时，可根据部分害虫成虫的趋光性，使用黑光灯诱杀。例如，在牡丹种植区域悬挂黑光灯，黑光灯下设水盆，水盆中装肥皂水。此外，也可在黑光灯附近设置电网，成虫触电后便会被杀死。此类方法可以起到良好的防治作用。除常见的黑光灯外，白炽灯、高压汞灯、频振式杀虫灯及投射式杀虫灯等，对部分害虫成虫诱杀也有着良好的应用效果，可根据实际需求进行选择。

（3）生物防治。

保护害虫的天敌。如瓢虫、草蛉、寄生蜂、食虫虻等。

使用生物及其产品。蛴螬的病原微生物有绿僵菌、乳状杆菌等，将菌粉按说明配制，进行喷施或随水滴灌。

（4）科学用药。

做好灌根处理。灌根处理是地下害虫化学防治中最为直接和有效的处理方法，一般使用 50% 辛硫磷 1 200～1 500 倍液、25% 敌百虫 1 000～1 500 倍液、毒死蜱·辛硫磷 1 200～1 500 倍液防治，利用打孔灌药或者漫灌的方式使药剂渗入牡丹植株的根部。需要注意的是，土壤对于药物存在一定的吸附与渗透作用，会降低药液的防治效果。因此，在灌根防治时需要以 7～10 d 为周期连续灌根两三次，从而有效减少地下害虫带来的危害。如果灌根两三次效果仍不明显，需要更换其他药物进行灌根，避免地下害虫产生抗药性，影响防治效果。

适时喷洒药剂。一般情况下，在一二龄幼虫生长时期，可以使用 90% 敌百虫 1 000～1 500 倍液、75% 辛硫磷乳油 1 200～1 500 倍液进行喷洒防治。在成虫盛发期，则可以使用 50% 辛硫磷 1 000～1 200 倍液、10% 吡虫啉 4 000～5 000 倍液喷洒在牡丹叶片上，达到预期的防治效果。

4. 操作规程和质量要求 ≫

（1）布置任务。

教师布置设施牡丹病虫害调查和综合防治任务（具体任务要求参考任务描述，各地根据实际条件调整），分小组协作完成，每小组 3 ～ 4 人。

（2）设施牡丹病虫害调查和综合防治。

采取实地调查与查阅文献资料相结合的方式对当地的设施牡丹病虫害进行调查，并在教师指导下制订设施牡丹病虫害综合防治方案，如表 5-6 所示。

表 5-6　设施牡丹常见病虫害调查和综合防治方案

工作环节	操作规程	质量要求
设施牡丹常见病害症状形态观察	主要观察牡丹叶斑病、紫纹羽病的田间为害特点、发病部位及病斑的形状、颜色、表面特征等	注意观察牡丹叶斑病和紫纹羽病症状的区别
设施牡丹害虫形态和为害特点观察	观察蛴螬、小地老虎等害虫的形态特征及为害特点	注意比较不同害虫为害状况的区别
设施牡丹主要病虫害防治	根据设施牡丹主要病虫害的发生规律，结合当地生产实际，提出有效的防治方法和建议	1. 发生及为害情况调查：一个地区一定时间内病虫害种类、发生时期、发生数量及为害程度等； 2. 综合防治要全面考虑经济、生态效益及技术上的可行性

5. 问题处理 ≫

活动结束以后，完成以下问题。

（1）描述所观察的设施牡丹常见病虫害为害的典型症状、特点。

（2）拟订 2 ～ 3 种设施牡丹病虫害综合防治方案。

月季设施栽培管理技术

任务二 设施切花类（月季）生产技术

【任务描述】

　　某农业生态园通过"基地＋合作社＋农户"的管理经营模式，吸纳当地及周边1 000余人就近务工，并带动部分农户发展月季等鲜切花种植。园区有三百多个大棚温度传感器，可监测实时温度控制电源，为棚内换风，调节温度。冬天，每个大棚都配备补光灯，延长鲜切花的光照时间，保证鲜切花的产品品质。日前，基地接到一份国际订单，需要8万株切花月季。本任务是精心设计一个设施切花类（月季）促成栽培方案，满足切花类（月季）专业化发展的需要。

【任务目标】

　　知识目标　了解月季形态特征和主要品类；掌握月季的生长习性和繁殖方法；了解切花的采收和处理方法。

　　技能目标　能够根据市场需求和品类特性进行月季设施促成栽培技术方案设计；能够发现和分析栽培过程中的问题，并提出解决办法。

　　素养目标　主动查阅中国传统名花的相关文献及知识，自主学习，自觉弘扬中国传统文化，增强民族自信；在生产实践中，培养乐业、敬业、勤业、精业的工匠精神。

【背景知识】

　　月季，蔷薇科属的常绿、半常绿低矮灌木。花色以红色为主，还有白、黄、粉红、玫瑰红等。自然花期在4—9月。月季以一年四季皆能见花而得名，又以其每月近乎开花一次而得名"月月红"。月季适应性强，耐寒、耐旱，对土壤要求不严格，但以富含有机质、排水良好的微带酸性沙壤土最好。月季喜欢阳光充足、温暖湿润的气候，一般22～25℃为月季生长的最适宜温度。18世纪，中国月季由印度传入欧洲后，育种家把月季与当地蔷薇反复杂交，在1867年培育成杂交茶香月季，很快就风行全世界。茶香月季被誉为"花中皇后"。切花月季的销量逐年增加，通过设施栽培，不仅能满足市场的需求，还能进一步提高生产者和经营者的经济效益。

活动一　月季种类和常见品种认知

1. 活动目标

能够识别主要月季品种；能够指导生活、生产中月季品种的选择；培养专注、细致的优良品质。

2. 活动准备

将班级学生分为若干小组，每组配备不同品种的月季挂图、切花或盆栽月季等。

3. 相关知识

切花月季的基本要求：花梗挺直、优美，并能达到一定长度，一般在 30 cm 以上；花型优美，初开放时为高心卷边状和平头型两类，花谢时不露心；花色鲜明，花色纯正、明快；花朵开放缓慢，花瓣质地较厚，能较久地保持优美的花型；植株活力强、耐修剪，能连续在较短的时间内反复开花，并能在适当的条件下全年开花；另外，具有叶色鲜亮、少刺、适宜低温或高温栽培、花瓣不褪色、抗病虫害等特点。

1）主要种类

月季种类主要有食用玫瑰、藤本月季（CI 系）、大花香水月季（切花月季主要为大花香水月季，HT 系）、丰花月季（聚花月季，F/FI 系）、微型月季（MIN 系）、树状月季、壮花月季（GR 系）、灌木月季（SH 系）和地被月季（GC 系）等。

其中，大花香水月季（HT 系），此系列品种众多，是现代月季的主要栽培品种。其特征是植株健壮、单朵或群花、花朵大、花型高雅优美、花色众多，鲜艳明快，具有芳香气味，观赏性强。

下面介绍国内外培育的一些经典和新兴月季品种。

粉扇月季。粉色花朵，花径为 12 ~ 18 cm，重瓣 40 ~ 45 枚，淡香味，经典大花月季，多季重复开花，花型巨大，高心卷边（见图 5-13），单花期一周。叶子呈浅绿色，刺体较大，枝条强健，株高为 80 ~ 120 cm。耐热耐寒，抗病性强，适应性强。

桃灼蓝天月季。大花月季，桃粉色花朵，略显蓝色。花径约为 12 cm，重瓣约 67 枚，清香味，多季重复开花（见图 5-14）。叶子呈深绿色，株高约为 1.5 m，抗病性非常强，具有很高的观赏价值。

图 5-13　粉扇月季　　　　　　　　　图 5-14　桃灼蓝天月季

粉黛月季。粉色花朵，花径为 8 ~ 13 cm（见图 5-15），香味浓，多季重复开花，多头开放。株高为 80 ~ 150 cm。耐热性好，开花性好，抗病性强。获得 2019 年北京世界园艺博览会新品种银奖。

照夜清月季。小型灌木月季，蓝紫色花朵。花径为 6 ~ 8 cm，重瓣，浓郁柑橘香味，花瓣有迷人美人尖（见图 5-16）。复花快，花量大，单花花期长。枝条光滑少刺，株高为 60 ~ 90 cm。耐热性好，抗病性强。

图 5-15　粉黛月季　　　　　　　　　图 5-16　照夜清月季

倾慕月季。黄色花朵，花径为 6 ~ 8 cm（见图 5-17），混合水果香味。勤花，花量大，多季重复开花。耐热性好，生长强健，抗病性强，可藤可灌。

点唇月季。杏色、黄色、红色复合花朵，花径为 6 ~ 8 cm（见图 5-18），株高为 80 ~ 120 cm。古典莲座花型，多季重复开花，花色随光照变化，耐热。初开为切花经典的高心圆瓣，中心花瓣圆润，越往外花瓣越宽大且尖。随着花朵的绽放，古典的莲座花芯渐渐露出，整体呈现丰润的体态，而又不失轻盈。

图 5-17　倾慕月季　　　　　　　图 5-18　点唇月季

林肯先生月季。暗红色花朵，花径为 12 ~ 14 cm（见图 5-19）。香味浓郁，多季重复开花，株高为 90 ~ 160 cm，分枝性好。耐热、耐晒、耐寒、有活力。获得 1965 年全美玫瑰精选赛 AARS 冠军，被称为月季之皇。花瓣呈深红色且有绒光，高心卷边杯状花型，花期长，单花期可达 2 周。叶子为磨砂革质，呈深绿色且有光泽，一经推出，就受到极为广泛的关注。其是黑红色月季的代表品种。

芝加哥和平月季。粉色混合花朵，底部为鲜黄色，花径为 12 ~ 15 cm（见图 5-20），香味温和，花大饱满，杯状独立开花，多季重复开花。株高为 1.1 ~ 2 m，用于地栽和盆栽。杂交茶香，花瓣为 26 ~ 45 枚，叶子为革质呈墨绿色且有光泽，嫁接繁育。优点是花朵绽放非常美丽，花瓣正面呈纯红色，背面呈纯黄色，色彩十分纯正，带有怡人的芳香；枝条粗壮直立，生长旺盛。

图 5-19　林肯先生月季　　　　　图 5-20　芝加哥和平月季

4. 操作规程和质量要求 ▷▷▷

（1）教师布置月季优良品种识别任务。

（2）学生分组。按照教师要求，测定不同品种的月季的叶、植株和花的特性，具体内容如下所述。

叶：叶片形态（记录叶尖、叶缘、叶片厚薄、数量等）、叶片长度（使用直尺测定叶片长度，并记录数值）、叶片宽度（用直尺测定叶片宽度，并记录数值）。

植株：株高（使用卷尺测量植株高度，并记录数值）、茎的形态（直立或攀缘）、茎的直径（用游标卡尺测量茎的直径，并记录数值）。

花：花朵直径（用直尺测定花朵直径，并记录数值，大于 10 cm 的为大花品种；5 ~ 10 cm 的为中花品种；小于 5 cm 的为小花或微型品种）、花瓣数目、花色、是否有香味。

（3）学生按照任务实施流程及操作步骤，认真完成任务报告，具体如表 5-7 所示。

表 5-7　月季品种识别任务报告

姓名：		班级：	学号：		
项目		品种名			
叶片	叶片形态				
	叶片长度				
	叶片宽度				
植株	株高				
	茎的形态				
	茎的直径				
花	花朵直径				
	花瓣数目				
	花色				
	是否有香味				

（4）教师依据工作态度、工作质量、工作效率等进行过程性和结果性考核。

5. 问题处理

通过查阅资料，探索思考如何破解我国月季产业发展中存在的自育品种少、品种更新速度慢等问题。

活动二　设施月季培植技术

1. 活动目标

能够根据月季设施促成栽培形式正确选择设施类型与种植品种；能够完成月季优质苗选择、整地、栽培及栽后管理等操作；增强团队意识、合作意识。

2. 活动准备

将班级学生分为若干小组，每组配备铁锹、水壶和月季幼苗。

3. 相关知识

1）切花月季生产类型

切花月季主要类型如表5–8所示。

表5–8　切花月季主要生产类型

序号	主要类型	特点	举例
1	周年型	适合在冬季有加温设备和夏季有降温设备的温室生产，可以周年产花，但耗能较大，成本较高	主要品种有林肯先生、芝加哥和平月季等
2	冬季切花型	适合在冬季有加温设备的温室和广东一带的露地塑料大棚生产。此类生产以冬季为主，花期从9月到第二年6月，是目前切花生产的主要类型	主要品种有加百利天使、多头香槟等
3	夏季切花型	适合在长江流域及以北地区的露地及塑料大棚生产。产花期在4—11月，生产设施简单，成本低，也是目前常见的栽培类型	主要品种有粉黛、红双喜等

2）切花月季对环境的要求

（1）喜阳光充足、相对湿度为70%～75%、空气流通的环境。

（2）最适宜的生长温度：白天为20～27℃，夜间为15～22℃，在5℃左右也能极缓慢地生长开花，能耐35℃以上的高温，5℃的低温即进入休眠或半休眠状态，休眠时植株叶子脱落，不开花。

（3）喜排水良好、肥沃而湿润的疏松土壤，以 pH 值为 6 ~ 7 为宜。

3）切花月季栽培方法

喷雾扦插法。用砖砌成宽为 100 ~ 120 cm、长为 4 m 或 8m、深为 30 cm 的畦状插床。床间设供水系统，每隔 150 ~ 200 cm 装 1 个喷头。苗床之间留宽为 50 cm 的操作道，苗床上架设高 20 cm 的自来水管，管上每隔 1.5 m 安装离心或四体喷头一只，水源为自来水。用继电器、电磁阀、电子叶组成自动控制系统。先在床底铺垫 12 ~ 15 cm 的煤渣做渗水层，上面再铺 15 ~ 20 cm 的河沙等基质。

插穗时间以盛夏 7—8 月为最好。插穗一般长为 5 ~ 8 cm，通常选择生长季节植株尚未木质化的嫩茎，剪去部分枝叶，留上面 2 片叶，也可再剪去复叶的顶叶以减少水分蒸发，然后密集插于扦插床。

插条生根前宜喷洒 0.3% 的磷酸二氢钾水溶液，间隔 5 d，连喷 3 次。幼根长到 3 ~ 5 cm 时施尿素 5 ~ 8 g/m^2，促进生根及苗的生长。春季或夏季都不用遮阳，而是用间隔一定时间的雾状喷水代替遮阳设备。在高温干旱季节，蒸腾作用强烈，每隔 1 ~ 2 min 就要喷雾 1 次，而在阴天则每 10 ~ 30 min 喷雾 1 次，雨天则完全停止。

冬季扦插。时间在 10 月下旬—11 月上旬均可，可结合露地月季冬剪进行。

首先将枝条进行剪截与处理，将半木质化和成熟的枝条剪成 3 ~ 4 节一段，上端平剪，下端斜剪，去掉叶片；然后用生根粉 200 mg/L 溶液浸泡插条下端 30 min ~ 1 h。

可在苗床上铺设电热线（间距为 10 cm），电热线上铺 10 cm 黑土与河沙的混合基质作为加温设施。扦插后，搭双层塑料薄膜拱棚。基质消毒，营养土配制好后用 1% 高锰酸钾拌匀消毒。

发芽前管理：关键是增加地温，控制气温，促进生根。白天中午温度高时通风降温，晚上低温时接通电热线加温。使地温保持在 20 ~ 25℃，气温保持在 7 ~ 10℃，根据土壤湿度，见干就需浇水。发芽后管理：经 20 ~ 30 d 后，扦插条生根发芽，此时的关键是稳定地温，防止嫩枝芽受冻。晚间盖双层膜保温，白天盖单层膜，地温保持在 20℃左右，气温在 10℃以上。每 10 d 左右浇 1 次水，每浇 2 次水施 1 次液体肥料，2 月底可移栽。

4）栽植

为了节约能源，多在春季种植，以迎接夏季逐渐升高的温度。因采收切花，4 年以后需要更换新株，以便维持较高产量。温室若轮番依次换栽，每年应有 25% 需去旧换新。注意更换品种应相同或对管理要求相似。有些品种可生产切花 6 ~ 8 年，可有计划地安排新花更替。

5）定植后的管理

新栽植株要修剪，留 15 cm，尤其是折断的、伤残的枝与根应剪掉。栽植芽接口离地面约 5 cm，上面应覆盖 8 cm 腐叶、木屑等有机物。刚栽下一段时间，一天要喷雾几次，保持地上枝叶湿润，如已入初夏，要不断地进行低压喷雾，以助发芽。如果是新植的苗，室内温度不可太高，保持在 5℃有利于根系生长，过半个月后可升温至 10 ~ 15℃，一个月后升温至 20℃以上，若与原来月季同在一个温室，则按原来月季要求进行温度管理。

6）修剪与摘心

修剪。第一种修剪方法是逐渐更替法，即第一次采收后，全株留 60 cm 左右，一部分再开一次花，一部分短截，等短截的新枝开花后，原来开花的一部分再短截，这样轮流开花，植株不致升高太快，采花的工作也可全年进行。第二种修剪方法是一次性短截法，即 6—7 月采收一批切花后，主枝全部短截成一样高的灌木状。如是第一年新栽植株，留 45 cm，其他留 60 cm，进入炎热夏季以后，停产一段时间，到 9 月、10 月再生产新的花蕾。第二种修剪方法往往会使植株生理失去平衡，造成根系萎缩、主枝枯死等现象，在温室管理中可采用折枝法来避免这种不良后果。折枝法已在国外温室生产中普遍应用，具体操作方法是把需要剪除的主枝向一个方向扭折，让上部枝条下垂。

摘心。月季的摘心可以促进侧枝生长、改变开花时间。轻度摘心（花茎为 5 ~ 7 mm 时将顶端掐去）受影响的只是它附近的侧芽，形成的仅是一个枝条，对花期影响不大。重摘心（花茎直径达 10 ~ 13 mm 时，摘掉枝顶到第二复叶处）能生出两个侧枝，对花期的促进比前者早 3 ~ 7 d。

7）温度的管理和控制

夜温。一般品种要求夜温为 15.5 ~ 16.5℃。夜温过低是影响产量、延迟花期的一个重要原因。有些栽培者为了节省能源，把夜温调至 13℃，结果产量减少，采花期延迟 1 ~ 3周，大幅影响了经济效益。

昼温。一般阴天要求昼温比夜温高 5.5℃，晴天要求昼温比夜温高 8.3℃。如温室内人工增加二氧化碳的浓度，温度应适当提高到 27.5 ~ 29.5℃，才不致损伤花朵。如加钠灯照射的温室，温度应至少在 18.5℃以上，以充分利用光照。在夏季高温季节，温度最好控制在 26 ~ 27℃。

地温。研究认为，地温在 13℃、气温在 17.8℃时，生长良好。近年来进一步研究证明，在昼温 20℃、夜温 16℃条件下，生长良好。当地温提高到 25℃时可增产 20%，若只提高地温，而降低气温，则会造成生长不良。总之，为了满足月季对温度的要求，应重视设施在冬季的保温和加温，以及在夏季进行必要的降温。

光照的调节。月季是喜光植物，在充足的阳光下，才能得到良好的切花。在温室栽培中，强光伴随着高温，就必须进行遮阳。有些地方3月初就开始遮阳，但遮光度要低，避免植株短时间内在光强度上受到骤然变化。随着天气变暖可增强遮阳，若室内光强低于54 klx，要清除覆盖物上的灰尘。9月、10月（根据各地气候情况而定）应去除遮阳。冬季日照时间短，但有防寒保护，虽然室内光照减少，但是一般月季可照常开花。如果用灯光增加光照，可提高月季花的产量。

8）切花的采收和处理

一般当花朵心瓣伸长，有1～2枚外瓣反转（花朵开放度为2度）时采收，但冬天可适当晚一些，在有2～3枚外瓣反转时采收。从品种上看，一般红色品种花朵开放度为2度时采收；黄色和白色品种略迟一些，采花应在心瓣伸长3～4枚（花朵开放度为3度），甚至5～6枚（花朵开放度为4度）时采收。若装箱运输，则应在萼片反转、花瓣开始明显生长，但外瓣尚未翻转（花朵开放度为1度）时采收。采收时注意原花枝剪后应保留2～4片大叶，剪时在所留芽的上方1 cm处倾斜剪除，为下次花枝生长准备条件。采后的切花应立即送到分级室中在5～6℃下冷藏、分级。不能立即出售的，应放在湿度为98%的冷藏库里，保持0.5～1.5℃的低温，可保存数日。

4. 操作规程和质量要求 ≫

（1）布置任务。

教师布置月季扦插繁殖任务，分小组协作完成，每小组3～4人。

（2）月季扦插繁殖。

以当地某一日光温室（塑料大棚）或校内基地日光温室（塑料大棚）为实训场地，在教师指导下进行月季扦插繁殖。

（3）完成报告。

学生按照任务实施流程及操作步骤，认真完成任务报告，具体如表5-9所示。

表5-9　月季扦插繁殖任务报告

学生姓名：		班级：	学号：
	实验原理		
	实验步骤		
	实验结果		
	反思提升		

5. 问题处理

为了保证切花月季花大色艳，如何对月季进行合理的修剪？

活动三　设施月季病虫害诊断与综合防治

1. 活动目标

掌握设施月季主要病害的症状；掌握发病规律；能协作拟订并实施综合防治方案。

2. 活动准备

设施月季病害的各类标本；多媒体资料，显微镜、挑针等观察病原物的仪器、用具；常用杀菌剂、杀虫剂、喷雾器等施药设备。

3. 相关知识

月季是著名的"花中林黛玉"，病虫害会导致月季生长慢、植株瘦弱，影响开花，进而可能出现黄叶、落叶，甚至导致植株死亡。为此，及时做好病虫害的防治，对保证月季的正常生长尤为很重要。下面列举几种设施月季常见的病虫害及防治方法。

1）设施月季主要病害

白粉病。症状：初期叶上出现褪绿黄斑，逐渐扩大，出现白色粉末状霉点，随后着生一层白色粉末状物，严重时全部有白粉层；嫩叶染病后翻卷、皱缩、变厚，有时为紫红色；老叶则出现圆形或不规则的白粉状斑，但叶片不扭曲（见图5-21）。

枯枝病。枝干上出现褐色、紫色的病斑，茎表皮出现纵向裂缝；病害后期病斑凹陷，嫩茎出现黑色斑块；发病严重时，病部以上部分枝叶萎缩枯死（见图5-22）。

图 5-21 白粉病   图 5-22 枯枝病

2）设施月季主要害虫

红蜘蛛。红蜘蛛是叶螨的一种，它们靠吸食嫩叶中的汁液生存。在干燥闷热的环境中，会使月季的叶子正面和背面分布很多红色小斑点，不易被发现；时间长了会在枝叶上形成一层细丝网，使叶子变黄脱落（见图 5-23）。

蓟马。蓟马专门吃月季的嫩芽、嫩叶。严重时，月季的新芽会被蓟马吃光，导致新芽发黑，无法正常萌发，或者长出的新芽叶片出现生长畸形、叶片扭曲、叶尖发黑等现象（见图 5-24）。

图 5-23 红蜘蛛   图 5-24 蓟马

3）设施月季病虫害综合防治

（1）农业措施。

一是要挑选抗性强的品种。二是要改善设施栽培环境，场地要空气流通好，光照充足，每天保证 6h 以上的光照；培养土要透气，瘠薄土、板结土、盐碱土需改良后使用。三是及时清除园中落叶、枯枝、杂草、废物，并集中烧毁，以减少传染源。

（2）理化诱控。

人工捕杀。平时注意观察，包括月季叶片背面，及时摘除受害叶片，修剪和销毁所有死亡的感病枝梢，可以减少侵染来源。

防虫网。将防虫网覆盖在棚架上构建人工隔离屏障，将害虫拒之网外，切断害虫（成虫）繁殖途径，有效控制各类害虫。它具有透光、适度遮光、通风等作用，能创造适宜月季生长的有利条件，可大幅减少化学农药的施用。

（3）生物防治。

保护害虫的天敌。如瓢虫、草蛉、东亚小花蝽等。

使用生物及其产品。月季虫害的防治主要集中在红蜘蛛、蚜虫、蓟马等。将菌粉按说明来配制，进行喷施或随水滴灌。也可以用柑橘皮加水10倍左右浸泡1昼夜，过滤后喷洒植株，也可防治蚜虫、红蜘蛛、蓟马等。还可以用100 g花椒和1 000 g清水，煎成500g原液备用，施用时加水5～7倍喷施植株，可防治蚜虫、红蜘蛛、白粉虱等。

（4）科学用药。

代森锰锌一周一次兑水喷洒叶片，比例是1 000倍，也就是1 g药兑水1 000 g。在无阳光无风的天气条件下进行喷洒，如遇雨天顺延。这种方法可以对月季病虫害起到一定的预防作用。

4. 操作规程和质量要求

（1）布置任务。

教师布置设施月季病虫害调查和综合防治任务（具体任务要求参考任务描述，各地根据实际条件调整），分小组协作完成，每小组3～4人。

（2）设施月季病虫害调查和综合防治。

采取实地调查与查阅文献资料相结合的方式对当地的设施月季病虫害进行调查，并在教师指导下制订设施月季病虫害综合防治方案，如表5-10所示。

表5-10　设施月季常见病虫害调查和综合防治

工作环节	操作规程	质量要求
设施月季常见病害症状和病原菌形态观察	1. 主要观察月季白粉病、霜霉病、枯枝病的田间为害特点、发病部位及病斑的形状、颜色、表面特征等； 2. 制片观察病原物形态特征，查阅资料对病原类型及病害种类做出诊断	注意观察月季霜霉病和灰霉病症状的区别
设施月季害虫形态和为害特征观察	观察红蜘蛛、蓟马等害虫的形态特征及为害特点	注意比较不同害虫为害状况的区别

续表

工作环节	操作规程	质量要求
设施月季主要害虫防治	根据设施月季主要病虫害的发生规律，结合当地生产实际，提出有效的防治方法和建议	1.发生及为害情况调查：一个地区一定时间内病虫害种类、发生时期、发生数量及为害程度等； 2 综合防治要全面考虑经济、社会环境和生态效益及技术上的可行性

5. 问题处理

活动结束以后，完成以下问题。

（1）描述所观察的设施月季常见病害的典型症状特点。

（3）拟订 2 ~ 3 种设施月季病虫害综合防治方案。

参 考 文 献

［1］陈国元. 园艺设施［M］. 北京：中国农业出版社，2018.

［2］陈全胜，孙曰波. 设施园艺［M］. 北京：中国农业出版社，2018.

［3］郭世荣，孙锦. 设施园艺学［M］. 北京：中国农业出版社，2020.

［4］张福墁. 设施园艺学［M］. 北京：中国农业大学出版社，2010.

［5］蔡国基. 蔬菜栽培学［M］. 北京：中国农业出版社，1998.

［6］周克强. 蔬菜栽培［M］. 北京：中国农业出版社，2006.

［7］宋士清. 设施栽培技术［M］. 北京：中国农业科学技术出版社，2010.

［8］焦自高. 蔬菜生产技术［M］. 北京：高等教育出版社，2002.

［9］葛晓光. 蔬菜育苗大全［M］. 北京：中国农业大学出版社，1995.

［10］程智慧. 蔬菜栽培学各论［M］. 北京：科学出版社，2013.

［11］刘艳华. 蔬菜生产技术［M］. 北京：机械工业出版社，2013.

［12］贾文庆. 园艺植物生产技术［M］. 北京：中国农业出版社，2017.

［13］河南省职业技术教育教学研究室. 园艺植物生产技术［M］. 北京：高等教育出版社，2011.

［14］王秀峰. 蔬菜栽培学各论［M］. 北京：中国农业出版社，2011.

［15］张振贤. 蔬菜栽培学［M］. 北京：中国农业出版社，2003.

［16］于广建. 蔬菜栽培技术［M］. 北京：中国农业出版社，1998.

［17］陈杏禹. 蔬菜栽培［M］. 北京：高等教育出版社，2005.

［18］高丽红. 蔬菜栽培生产技术［M］. 北京：中国农业出版社，2008.

［19］兰平. 萝卜、甘薯、马铃薯栽培新技术［M］. 延吉：延边人民出版社，1999.

［20］韩世栋. 蔬菜生产技术［M］. 北京：中国农业出版社，2006.

［21］邹清成，马广莹，史小华，等. 矮化型盆栽牡丹品种筛选及生产技术［J］. 浙江农业科学，2018，59（1）：54-55，80.

〔22〕郭晨瑛. 江南牡丹盆栽及花期调控技术的研究〔D〕. 杭州：浙江农林大学，2010.

〔23〕苏顶勋，赵阁，彭正锋. 牡丹盆栽技术〔J〕. 中国园艺文摘，2017，33（04）：162-164.

〔24〕刘孟纯. 切花月季采后保鲜及其花期控制技术研究〔D〕. 保定：河北农业大学，2008.

〔25〕舒迎澜. 月季的起源与栽培史〔J〕. 中国农史，1989（02）：64-70.

〔26〕汪菡. 郑州市月季产业发展现状与分析〔D〕. 洛阳：河南科技大学，2014.

〔27〕罗镪，齐伟. 花卉生产技术第2版〔M〕. 北京：高等教育出版社，2012.

〔28〕文吉辉，李卫东，丁桂花，等. 兰花主要病虫害的发生发展及防治方法〔J〕. 湖南林业科技，2012，39（06）：54-58.

〔29〕杨德良. 浅谈兰花病虫害防治中存在的主要问题及应对措施〔J〕. 中国西部科技，2012（21）：46-48.

〔30〕郗荣庭. 果树栽培学总论〔M〕. 3版. 北京：中国农业出版社，2009.

〔31〕〔日〕小林干夫. 图解果树栽培与修剪关键技术〔M〕. 北京：机械工业出版社，2020.

〔32〕徐海英，闫爱玲，张国军，等. 葡萄标准化栽培〔M〕. 北京：中国农业出版社，2007.

〔33〕于泽源. 果树栽培〔M〕. 北京：高等教育出版社，2010.

〔34〕俞德浚. 中国果树分类学〔M〕. 北京：农业出版社，1979.

〔35〕郭正兵，吴红. 果树生产技术〔M〕. 北京：中国农业出版社，2021.